从拍摄到后期

数码摄影

人像与风光

LANDSCAPE
& PORTRAIT

FROM SHOOTING TO
POST EDITING

单反摄影入门知识◎主编
北极光摄影◎编著

U0333788

人民邮电出版社
北京

图书在版编目（CIP）数据

数码摄影人像与风光：从拍摄到后期 / 单反摄影入门知识主编；北极光摄影编著. -- 北京：人民邮电出版社，2020.8
ISBN 978-7-115-53634-1

Ⅰ. ①数… Ⅱ. ①单… ②北… Ⅲ. ①数字照相机－人像摄影－摄影技术②数字照相机－风光摄影－摄影技术 Ⅳ. ①TB86②J41

中国版本图书馆CIP数据核字(2020)第045800号

内 容 提 要

本书从器材介绍、摄影理论、实拍技巧及后期处理四大方面，系统全面地介绍了前期拍摄与后期修片的关键知识和技法。书中精选了人像、名山大川、江河湖海、花卉、自然气象、夜景等典型拍摄主题，详细介绍了不同主题下的拍摄技法，并辅以丰富的图例，直观地展示出使用此技法后可以给画面带来的变化，从而让读者更容易理解和掌握。此外，针对部分前期拍摄技巧，本书还提出了完备的后期处理方案，将前期拍摄与后期处理相结合，旨在用后期完善前期，帮助读者创作出令人满意的摄影作品。

本书提供了后期处理案例的多媒体学习资料，读者可以通过扫描书中的二维码观看视频教程，学习后期修片的详细操作步骤。

本书适合刚接触摄影的读者。通过阅读本书，读者能够在较短时间内掌握诸多实用的人像与风光前期拍摄技巧和后期处理技法，轻松应对不同的拍摄场景，让照片呈现出令人满意的效果。

◆ 主　　编　单反摄影入门知识
　 编　　著　北极光摄影
　 责任编辑　张　贞
　 责任印制　周昇亮
◆ 人民邮电出版社出版发行　　北京市丰台区成寿寺路 11 号
　 邮编　100164　　电子邮件　315@ptpress.com.cn
　 网址　https://www.ptpress.com.cn
　 天津市豪迈印务有限公司印刷
◆ 开本：690×970　1/16
　 印张：17　　　　　　　　　　　2020 年 8 月第 1 版
　 字数：389 千字　　　　　　　　2020 年 8 月天津第 1 次印刷

定价：89.00 元
读者服务热线：(010)81055296　印装质量热线：(010)81055316
反盗版热线：(010)81055315
广告经营许可证：京东市监广登字 20170147 号

前 言

本书大体上可以分为器材介绍、摄影理论、实拍技巧及后期处理四大部分，全面而系统地讲解了以下内容。

第1章和第2章为器材知识内容。从拍摄人像与风光需要的器材开始讲解，例如认识镜头焦距对画面效果的影响、如何选择镜头、人像与风光镜头推荐、风光摄影必备的滤镜等；接着介绍了相机常用的功能设置，其中包括如何设置图像画质和尺寸、提示音、自动旋转图像等菜单功能，还讲解了怎样根据场景选择拍摄模式。

第3章~第6章为摄影理论内容。第3章讲解了光圈、快门速度、感光度、曝光补偿、测光模式、白平衡等曝光理论知识；第4~6章讲解了画面的基本构图、光线，以及色彩等必要的摄影理论知识，结合器材知识的讲解，为后面进行实际拍摄打下了坚实的基础。

第7章~第16章为实拍技巧内容。其中第7章~第10章是人像摄影技巧讲解，介绍了人像摄影应该了解的基本知识、人像摆姿、儿童专题、人像摄影实拍技巧等，从而让读者在面对不同的情况和拍摄对象时，都能够有条不紊地进行拍摄，并指导模特摆出合适的姿势，使人像摄影事半功倍；第11章~第16章是风光摄影技巧讲解，讲解了名山大川、江河湖海、日月星辰、城市建筑、夜景、花卉、树木、自然气象等题材的实拍技巧知识，让读者在掌握理论知识的同时，也能补充足够的实战知识。

对于后期处理，本书并未以单独的章节进行介绍，而是将诸多实用的后期技巧融入以上三大部分中（在目录中以图标和鲜艳的字体颜色标示出来），通过典型的后期处理案例，详细剖析了后期调修技法及具体操作步骤，从而真正构建从前期准备，到中期拍摄，再到后期处理的完整知识结构。

可以说，本书为读者提供了一个完整的摄影学习体系，其中以图书为主要载体，以数字资源为后续支持，任何一个有学习意愿的读者，都能够借助这个体系轻松掌握所需要的摄影知识，并通过练习创作出令人满意的摄影作品。

编者

资源下载说明

本书附赠案例配套素材文件，扫描右侧的资源下载二维码，关注"ptpress 摄影客"微信公众号，即可获得下载方式。资源下载过程中如有疑问，可通过客服邮箱与我们联系。

客服邮箱：songyuanyuan@ptpress.com.cn

扫一扫 学摄影

资 源 下 载
扫 描 二 维 码
下 载 本 书 配 套 资 源

目录

第1章
人像与风光摄影必备的各种装备 015

第2章
设置相机常用参数与拍摄
模式　　　　　　　　　040

第3章
全面解析曝光要素　　　051

第6章
色彩运用 　117

第10章
人像摄影大妙招　174

第11章
拍摄名山大川　199

第12章
拍摄江河湖海　209

第13章
拍摄日月星辰　218

第14章
拍摄城市建筑与夜景 231

第15章
拍摄花卉、树木 245

人像与风光摄影必备的各种装备

1.1 镜头焦距对视角的影响

焦距对于拍摄视角有非常大的影响，例如，使用广角镜头的14mm焦距拍摄时，其视角能够达到114°；而如果使用长焦镜头的200mm焦距拍摄时，其视角只有12°。不同焦距镜头对应的视角如下图所示。

由于不同焦距镜头的视角不同，因此，不同焦距镜头适用的拍摄题材也有所不同。比如焦距短、视角宽的广角镜头常用于拍摄风光；而焦距长、视角窄的长焦镜头则常用于拍摄体育比赛、鸟类等位于远处的对象。要记住不同焦距段的镜头的特点，可以从下面这句口诀开始："短焦视角广，长焦压空间，望远景深浅，微距景更短。"

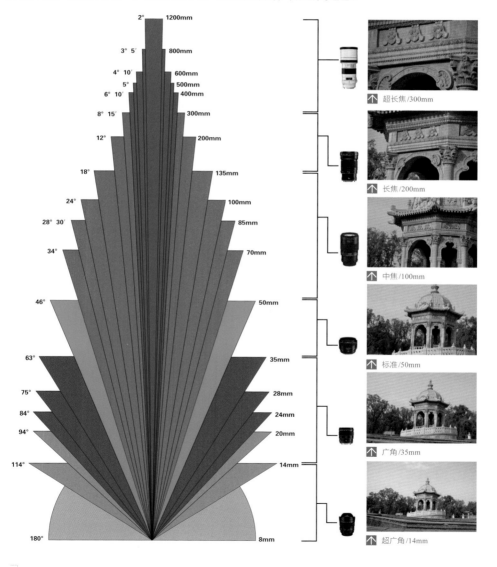

↑ 超长焦/300mm

↑ 长焦/200mm

↑ 中焦/100mm

↑ 标准/50mm

↑ 广角/35mm

↑ 超广角/14mm

1.2　如何选择镜头

定焦镜头保证成像质量

　　定焦镜头通常具有较大的光圈，在单位时间内可以释放更多的光量，并且能够得到较浅的景深。因为定焦镜头的焦距是不可变的，所以在制作工艺上会更加专注于焦段，其成像质量、锐度等远远超过变焦镜头。相对来说，定焦镜头的价格要比其他镜头昂贵。

　　对于风光摄影来说，定焦镜头的大光圈优势较难发挥出来，而主要突出成像质量、锐度等方面的优势。

↑ 佳能 EF 14mm f/2.8L II USM

↑ 使用广角镜头可以获得广阔的视野，且成像质量很高

| 14mm | f/16 | 8s | ISO 100 |

变焦镜头方便使用

　　变焦镜头的焦段设定非常广泛，根据主要的焦段范围，可将变焦镜头分为广角镜头、中焦镜头及长焦镜头等类型，这种便利性使其受到广大摄影者的欢迎。但变焦镜头的历史较短、光学结构复杂、镜片片数较多，这使得它的生产成本很高，少数具有恒定大光圈、成像质量优异的变焦镜头价格昂贵，通常在万元以上。变焦镜头的最大光圈较小，若能达到恒定 f/2.8 光圈就已经是高端镜头了。

↑ 尼康 AF-S 尼克尔 24-70mm f/2.8G
ED 变焦镜头

↑ 在拍摄远山时，变焦镜头使取景更加收放自如

| 200mm | f/10 | 1/500s | ISO 100 |

广角镜头拥有大视角

使用广角镜头可以将更广阔的场景纳入取景器中，这种镜头对空间的表现尤为出色，可以使画面的远近透视感更强，从而增加了画面的视觉冲击力。一些广角镜头的边缘有少许变形，合理利用这种特性，能够达到奇特的视觉效果。

多数卡片相机的最短焦距只有28mm，所以要想拍摄气势恢宏的大场面，建议使用数码单反相机。

↑ AF-S 尼克尔 14-24mm f/2.8G ED

↑ 用广角镜头拍摄的画面具有强烈的透视感和视觉冲击力

16mm ┊ f/16 ┊ 1s ┊ ISO 100

中焦或长焦镜头营造浅景深

　　中焦镜头指焦距段在85mm左右的镜头，在拍摄人像时经常用到。在风光摄影中，常用中焦镜头来拍摄花卉等静物。

　　使用长焦镜头可以把远处的景物拉到很近，在特写拍摄中经常用到。在风光摄影中，长焦镜头常被用来拍摄野生动物的特写，有时也被用来拍摄较远的景色，如朝霞和夕阳。

↑ 佳能 EF 85mm f/1.2L II USM

　　长焦镜头往往拥有较多的镜头组、较大的镜头口径以及修长的金属镜身，该华丽配置增加了镜身的重量，以至于拍摄者在进行手持拍摄时很容易发生抖动，因此最好使用独脚架或单脚架辅助拍摄。

↑ 佳能 EF 70-200mm f/2.8L II IS USM

↑ 长焦镜头可以拉近远景，更好地虚化背景，突出主体

| 200mm | f/2.8 | 1/1000s | ISO 400 |

1.3 人像摄影镜头推荐

虽说任何焦段的镜头都可以用来拍摄人像，不过标准定焦镜头和中长焦镜头最常用于人像拍摄。下面讲解一下它们在人像拍摄上的异同和特色。

35mm、50mm、85mm定焦镜头

人像摄影中，大部分摄影师都会选择标准定焦镜头作为主要的拍摄镜头，定焦镜头都带有大光圈，能够实现漂亮的虚化效果。标准定焦镜头中，35mm、50mm、85mm三种焦段在人像摄影中经常用到，通过下面的讲解，摄影师可以根据自己的拍摄需求选择相应的镜头。

35mm定焦镜头

35mm镜头常用于拍摄人文照片和表现氛围感的人像照片，35mm镜头在拍摄半身和全身照时，可以展现出主体附近的环境，视野中容纳的景物比50mm、85mm更多，更有助于营造画面氛围，让主体和背景的关系更加突出，能够起到烘托主体、与主体形成呼应或者平衡构图的作用。

↑ 定焦镜头通常是大光圈镜头，利用大光圈可以拍出背景虚化的效果

50mm ┆ f/2 ┆ 1/640s ┆ ISO 200

35mm镜头视野宽广，因此在虚化方面不如50mm、85mm镜头的虚化效果强烈，但如果使用大光圈拍摄，虚化效果也是可以的。透视变形方面，35mm镜头要比50、85mm明显一些，在拍摄全身人像时，能够较好地拉伸腿部线条，使人物身形修长，如果拍摄角度选择合适的话，还可以打造小脸的效果。不过在近距离拍摄时，要避免将人脸放置在画面边缘，以免畸变太过，影响画面效果。

佳能35mm定焦镜头推荐		尼康35mm定焦镜头推荐	
佳能 EF 35mm f/1.4L II USM	EF 35mm f/2 IS USM	AF-S 尼克尔 35mm f/1.4G	AF-S 尼克尔 35mm f/1.8G ED 镜头

← 俯视角度加上35mm镜头的透视性，使模特的脸部更加小巧

35mm ｜ f/1.8 ｜ 1/320s ｜ ISO 160

50mm 定焦镜头

50mm 镜头的视角与放大倍率最接近人眼所见，压缩感和视野都与人眼取景较为类似，因而拍摄出来的画面真实、自然。

相比 35mm 镜头，50mm 镜头的透视变形更小，更适合进行近距离人像拍摄，并且能营造出非常立体的脸部，但当过于贴近被摄对象时，就会在一定程度上拉伸人脸，将其拍成宽脸，这一点在拍摄时需要注意。当以适中的距离拍摄时，则能够纳入较多的环境画面，使照片有一定的氛围感。

使用 50mm 镜头拍摄的画面，虚化效果强于 35mm 镜头，稍弱于 85mm 镜头。不过 50mm 镜头有多款选择，佳能有最大光圈值为 f/1.8、f/1.4、f/1.2 的镜头可选，而光圈值越大，镜头素质越好，虚化效果也就越好。如果使用 APS-C 画幅的相机，建议选择 50mm 镜头作为人像常用拍摄镜头，将其安装在相机上，换算后的等效焦距约为 80mm，是非常合适的焦段，能够适应各种拍摄场景。

佳能 50mm 定焦镜头推荐		尼康 50mm 定焦镜头推荐	
EF 50mm f/1.2L USM	EF 50mm f/1.8 STM	AF-S 尼克尔 50mm f/1.4G	AF-S 尼克尔 50mm f/1.8G

↑ 利用 50mm 定焦镜头拍摄，在大光圈的作用下，背景被虚化了，人物得以突显

50mm ┊ f/1.8 ┊ 1/640s ┊ ISO 100

85mm 定焦镜头

85mm 镜头是公认的人像黄金焦段，原因有三点。其一，85mm 镜头的视角约为 28°30′，在各个距离拍摄人像都不会造成明显的透视变形，即使近距离拍摄，也不会导致模特的脸部出现拉宽的现象，同时脸部还有一定的立体感。

其二，85mm 镜头的视角可以减少周围的环境，取景中杂乱的背景和周边环境大部分都被摒弃，让画面中的人物成为视觉焦点。

其三，85mm 作为中长焦段焦距，本身就具有较好的压缩景深的特点，而且 85mm 定焦镜头又是各大镜头厂家重点制作的高品质大光圈镜头，虚化能力非常优秀，不管是特写、半身照还是全身照，都可以将画面中的背景有效地虚化，营造出将人物从背景中分离的效果。

佳能 85mm 定焦镜头推荐		尼康 85mm 定焦镜头推荐	
EF 85mm f/1.2L II USM	EF 85mm f/1.8 USM	AF-S 尼克尔 85mm f/1.4G	AF-S 尼克尔 85mm f/1.8G

↑ 85mm 镜头拍出的人像作品畸变较小，拍出来的画面效果自然

85mm ┆ f/2 ┆ 1/250s ┆ ISO 100

70-200mm 镜头

70-200mm 镜头的焦段覆盖了中焦到长焦，在 70mm 端可以获得与中焦镜头一样的自然画面，而在 200mm 端又可以获得压缩景深的画面效果。同时，由于是变焦镜头，在拍摄时可以很方便地进行取景，而不需要像定焦镜头一样人为地改变拍摄距离。

佳能与尼康都有优秀的 70-200mm 焦段镜头，并经过几代的技术更新，新一代的镜头已经拥有了高像素、低畸变、防抖功能、f/2.8 恒定光圈等优秀性能，使用这样的镜头拍摄出来的画面，画质与定焦镜头不相上下，广受摄影爱好者的追捧。因此，建议经常拍摄人像题材的摄影师购入一支。

佳能 70-200mm 镜头推荐	尼康 70-200mm 镜头推荐
EF 70-200mm f/2.8L IS Ⅱ USM	AF-S 尼克尔 70-200mm f/2.8G ED VR II

↑ 使用变焦镜头可以在拍摄时更灵活地构图，而且摄影师不至于离模特太近，能使模特更为放松

200mm ┊ f/2.8 ┊ 1/640s ┊ ISO 100

1.4 风光摄影镜头推荐

在风光题材拍摄中，除了特殊风光题材，如微距花卉、微距昆虫等，最常用的镜头还是广角镜头和长焦镜头，下面详细讲解这两种镜头的特点，以及如何在风光摄影中应用。

广角镜头

使用广角镜头可以拍进更多的事物，并且近大远小的透视性较好，能够在画面中表现出空间感。同时广角镜头拍摄出来的画面景深大，能够将画面中的前后景物都拍摄清晰，因此，广角镜头适用拍摄宽阔场景的风光照片，如表现大海或草原的一望无际、山脉的连绵不绝、城市的高楼林立等。

虽然它有以上优点，但由于其视觉宽广、畸变明显，所以在使用时一定要注意下面两点：

（1）主体靠近镜头。用广角镜头拍摄时，离镜头越近的物体就会显得越大，并且在画面中所占据的比重也越大。因而要想很好地传达拍摄意图，作为主体的事物就应该离镜头近些。

（2）空白最小化。给照片适当留白会给我们带来充裕感和舒服感，也起到均衡画面的作用。不过留白并非只是空出空间而已，漫无目的地将天空或是大海全部拍摄进去的照片，不仅没有主体，而且不会给人留下任何深刻的印象。

↑ 广角镜头很适合用来拍摄视野广阔的场景，再配合构图和小光圈，拍摄出来的画面会很有气势

20mm ┆ f/14 ┆ 1/2s ┆ ISO 200

佳能广角定焦镜头精选推荐		佳能广角变焦镜头精选推荐	
佳能 EF 14mm f/2.8L II USM	佳能 EF 24mm f/1.4L II USM	佳能 EF 16-35mm f/2.8L III USM	佳能 EF 17-40mm f/4 L USM

尼康广角定焦镜头精选推荐		尼康广角变焦镜头精选推荐	
AF-S 尼克尔 20mm f/1.8G ED	AF-S 尼克尔 28mm f/1.8G	AF-S 尼克尔 14-24mm f/2.8 G ED	AF-S 尼克尔 16-35mm f/4G ED VR

⤒ 广角镜头将山的全貌都拍摄下来，通过画面中房屋与山体的大小对比，体现出了山的体量

17mm ┊ f/16 ┊ 1/200s ┊ ISO 400

长焦镜头

长焦镜头具有拉近景物、压缩画面、简洁画面等特点。在风光摄影中，长焦镜头常用于拍摄山体、花卉、建筑等特写，也常用于动物和风光人像的拍摄。下面详细讲解长焦镜头的特点。

（1）营造远近感比广角镜头强。在拍摄有湿气、雾气和灰尘影响的风景照片时，会因远近的不同出现不同的结果。近处的景物显现得非常清晰，而远处的景物却很模糊。这样的现象在使用长焦镜头时会比使用广角镜头时更加明显。

（2）压缩效果明显。长焦镜头和望远镜一样，能够拉近远处的景物，所拍出的画面具有较强的平面效果。在实际拍摄时，如果能够根据光线、景物、拍摄意图等巧妙地运用长焦镜头的这一特点，就能使画面更具美感。

例如，使用长焦镜头拍摄延绵的山脉和距离很远的月亮或太阳时就会发现，画面中的山脉和月亮或太阳之间几乎没有距离，整张照片就如同一幅平面感很强的木板画。

（3）能够使画面简洁。使用长焦镜头拍摄的照片，视野狭窄，不会像广角镜头纳入多种景物。刻画景物的某个部分时，使用长焦镜头会使画面的构成十分简洁，从而起到了突显主体的作用。

（4）容易出现虚化效果。由于长焦距会形成浅景深，所以很容易出现虚化效果。在拍摄花卉、动物以及风光人像时可以有效将背景和前景虚化，从而突出主体。

↑ 荷花一般离岸边较远，通过长焦镜头将其拉进拍摄，得到了荷花突出而背景虚化的画面效果

200mm ┊ f/2.8 ┊ 1/320s ┊ ISO 200

佳能长焦定焦镜头精选推荐		佳能长焦变焦镜头精选推荐	
佳能 EF 200mm f/2L IS USM	佳能 EF 400mm f/2.8L IS USM	佳能 EF 70-200mm f/2.8L II IS USM	佳能 EF 100-400mm f/4.5-5.6L IS USM

尼康长焦定焦镜头精选推荐		尼康长焦变焦镜头精选推荐	
AF-S 尼克尔 300mm f/4E PF ED VR	AF-S 80-400mm f/4.5-5.6G ED VR	AF-S 尼克尔 70-200mm f/2.8E FL ED VR	AF-S 尼克尔 200-500mm f/5.6E ED VR

↑ 雪山之巅普通人一般去不到，使用长焦镜头拍摄，可以使"日照金山"的震撼美景放大展现在观众面前，而这样的画面效果与广角镜头拍摄的效果是截然不同的

280mm ┊ f/8 ┊ 1/1600s ┊ ISO 1600

用后期完善前期：使用透视裁剪工具校正照片的透视

使用透视裁剪工具 ⊞.可以很容易地校正照片透视问题，在裁剪过程中，该工具还提供了能够随着裁剪框的变化而变化的网格，因此应随时查看并确认裁剪框与参照物之间的平行关系。

详细操作步骤请扫描二维码查看。

↑ 原始素材图

➡ 处理后的效果图

用后期完善前期：校正画面的暗角

在本例中，首先是使用Camera Raw软件"镜头校正"选项中的功能，对建筑的透视变形和暗角问题进行校正处理，然后结合"相机校准"和"基本"选项卡中的参数，对照片基本的曝光和色彩进行初步调整，最后使用"HSL/灰度"选项卡中的参数，对冷、暖色进行分别处理，从而强化二者的对比。

详细操作步骤请扫描二维码查看。

↑ 原始素材图

➡ 处理后的效果图

1.5 风光摄影必备的滤镜

UV镜是镜头的"保护神"

　　UV镜也叫"紫外线滤镜"，主要是针对胶片相机而设计的，用于防止紫外线对曝光的影响，提高成像质量，增加影像的清晰度。而现在的数码相机已经不存在这个问题了，但由于UV镜价格低廉，可以保护镜头已经成为摄影师用来保护数码相机镜头的工具。

　　强烈建议用户在购买镜头的同时也购买一款UV镜，以更好地保护镜头不受灰尘、手印以及油渍的侵扰。除了购买佳能原厂的UV镜外，肯高、HOYO、大自然及B+W等厂商生产的UV镜也不错，性价比很高。口径越大的UV镜，价格自然也就越高。

↑ B+W UV镜

➜ 在镜头前安装品质较高的UV镜不会影响画面的成像质量

70mm ┆ f/2.8 ┆ 1/250s ┆ ISO 160

偏振镜可以增加画面的饱和度

偏振镜也叫偏光镜或PL镜，主要用于消除或减少物体表面的反光。在风光摄影中，为了降低反光、获得浓郁的色彩，又或者希望拍摄到清澈见底的水面、透过玻璃拍摄里面的物品等，一个好的偏振镜是必不可少的。

偏振镜分为线偏和圆偏两种，数码相机应选择有"C-PL"标志的圆偏振镜，因为在数码微单相机上使用线偏振镜容易影响测光和对焦。

在使用偏振镜时，可以旋转其调节环以选择不同的强度，在取景窗中可以看到一些色彩上的变化。同时需要注意的是，使用偏振镜后会阻碍光线的进入，大约相当于两挡光圈的进光量，因此在使用偏振镜时，我们需要降低为原来快门速度的1/4，这样才能拍出与未使用时相同曝光量的照片。

如果拍摄环境的光线比较杂乱，会对景物的色彩还原产生很大的影响。环境光和天空光在物体上形成的反光，会使景物的颜色看起来并不鲜艳。使用偏振镜进行拍摄，可以消除杂光中的偏振光，减少杂散光对物体颜色还原的影响，从而提高物体的色彩饱和度，使景物的颜色显得更加鲜艳。

↑ 肯高 67mm C-PL（W）偏振镜

← 加偏振镜效果，画面饱和度高，色彩浓郁，云朵层次分明，石头的质感强烈

| 17mm | f/16 | 5s | ISO 100 |

← 无偏振镜效果，画面整体发灰，色彩还原不够真实

| 17mm | f/16 | 10s | ISO 100 |

中灰镜用来延长曝光时间

中灰镜又被称为ND（Neutral Density）镜，是一种不带任何色彩成分的灰色滤镜，安装在镜头前面时，可以减少镜头的进光量，从而降低快门速度。当光线太过充足而导致无法降低快门速度时，可以使用中灰镜。

中灰镜分不同的级数，常见的有ND2、ND4、ND8三种，分别代表了可以降低一挡、两挡和三挡快门速度。例如，在晴朗天气条件下使用f/16的光圈拍摄瀑布时，得到的快门速度为1/16s，使用这样的快门速度拍摄无法使水流虚化，此时可以安装ND4型号的中灰镜，或安装两块ND2型号的中灰镜，使镜头的进光量降低，从而降低快门速度至1/4s，即可得到预期的效果。

中灰镜各参数对照表				
透光率（p）	密度（D）	阻光倍数（O）	滤镜因数	曝光补偿级数（应开大光圈的级数）
50%	0.3	2	2	1
25%	0.6	4	4	2
12.5%	0.9	8	8	3
6%	1.2	16	16	4

↑ 使用中灰镜降低快门速度，拍摄到水流如丝绸般的虚化效果

35mm ┊ f/22 ┊ 2s ┊ ISO 50

中灰渐变镜用来平衡画面反差

　　摄影爱好者在拍摄日出日落的风光照片时，会发现想同时保留天空与地面的细节，是一件非常困难的事情，最后拍摄出来的画面或者天空曝光正常而地面景物呈剪影效果，或者地面曝光正常而天空曝光过度，总是不如眼睛所看到的那样理想。而中灰渐变镜便是专门解决这一难题的。

　　渐变镜是一种一半透光、一半阻光的滤镜，分为圆形和方形两种，其中圆形渐变镜可以直接安装在镜头上，使用起来比较方便，但由于渐变是不可调节的，因此只能拍摄天空约占画面50%时的照片。而使用方形渐变镜时，需要买一个支架安在镜头前面才可以把滤镜安装上，其优点就是可以根据构图的需要调整渐变的位置。在色彩上也有很多选择，如蓝色、茶色等。而在所有的渐变镜中，最常用的应该是中灰渐变镜，中灰渐变镜是一种中性灰色的渐变镜。

↑ 相机安装方形中灰渐变镜效果图

　　拍摄时只要通过调整中灰渐变镜的位置，将深色端覆盖天空，就可以保证被无色端覆盖的地面图像曝光正常。

← 深色端覆盖在天空的位置，无色端覆盖在地面或水面的位置

← 使用渐变镜后，天空与水面、礁石曝光合适

用后期完善前期：模拟使用偏振镜获得纯净、浓郁的画面效果

在本例中，主要是使用"自然饱和度"和"可选颜色"命令对照片整体的色彩进行处理，再结合"曲线"命令、渐变填充和图层混合模式等功能，改善照片中的局部色彩与曝光，使画面具有强烈的冷暖色对比效果。

详细操作步骤请扫描二维码查看。

↑ 原始素材图

➜ 处理后的效果图

用后期完善前期：模拟中灰渐变镜拍摄的大光比画面

在本例中，通过调整照片的色温和曝光，将照片整体的色彩调整好，然后再利用渐变滤镜功能将天空处理为自然的蓝色效果。在调整过程中，要特别注意天空的曝光和色彩应与地面相匹配，避免出现二者不协调的问题。

详细操作步骤请扫描二维码查看。

↑ 原始素材图

➜ 处理后的效果图

1.6 其他需要准备的附件

遮光罩是防止杂光进入镜头的第一道防线

遮光罩也有不同的型号和样式，对于不同镜头要选择与其相对应的遮光罩来搭配。遮光罩是套在相机镜头前面的摄影附件，其作用是防止画面曝光过度。

遮光罩一般应用于逆光和侧光拍摄，但在顺光和侧光情况下也经常使用，原因如下：可以避免周围的散射光进入镜头；夜间拍摄时如果光源较乱，使用遮光罩可以避免周围的干扰光进入镜头；遮光罩也有保护镜头的作用，能防止镜头的意外损伤；在晴朗的白天，由于光线比较强，为了保护镜头和得到优质的画面应该使用遮光罩。

↑ 遮光罩样图

← 在逆光拍摄时，使用遮光罩可以有效防止画面出现眩光

遮光罩大致分为两种类型：一种是广角镜头遮光罩，镜头焦距越短，视角越大，遮光罩也就越短；另一种是中长焦镜头所用的遮光罩，由于视角偏小，所以可以选用长一点儿的遮光罩。

需要注意的是，哪怕镜头口径大小一样，配置在不同焦距段镜头上的遮光罩也不能混用。例如，50mm镜头的遮光罩用在100mm的镜头上，难以实现遮光的作用；若用在28mm的镜头上，则会使画面产生暗角。

↑ 圆口遮光罩（短罩）

↑ 长焦镜头遮光罩

存储卡保证相机有个"好胃口"

存储卡的评价参数主要是容量、存储速度和安全性能，一般容量越大，存储速度越快，安全性越好，价格也就越高。

读卡器的作用就是把存储卡上的照片导入计算机中，虽然数码相机都配有 USB 数据线，可直接通过数据线导入计算机，但这样导入极不方便，有时还会损坏相机的 USB 接口，所以建议最好购买一款读卡器。

全面认识不同类型的SD存储卡

容量与存储速度是评判 SD 卡的两个重要指标，判断 SD 卡的容量很简单，只需要看一下存储卡上标注的数值即可；而要了解存储卡的存储速度，则首先要知道评定 SD 卡存储速度的三种方法。

↑ 在拍摄情侣照时，一张大容量、高速的存储卡很有必要

70mm ┆ f/4 ┆ 1/320s ┆ ISO 100

第一种是使用Class评级。比如，大部分的SD卡可以分为Class 2、Class 4、Class 6和Class 10等级别，Class 2表示传输速度为2MB/s，而Class 10则表示传输速度为10MB/s。

第二种是按UHS（超高速）评级，分UHS-Ⅰ、UHS-Ⅱ两个级别。

第三种是用"x"评级。每个"x"相当于150KB/s的传输速度，所以一个133x的SD卡的传输速度可以达到19950KB/s。

SDHC型SD卡

SDHC是Secure Digital High Capacity的缩写，即高容量SD卡，SDHC型存储卡最大的特点就是高容量（2～32GB）。另外，SDHC采用的是FAT32文件系统，其传输速度分为Class 2（2MB/s）、Class 4（4MB/s）、Class 6（6MB/s）等级别。

SDXC型SD卡

SDXC是SD Extended Capacity的缩写，即超大容量SD存储卡。理论容量可达2TB。此外，其数据传输速度也很快，最大理论传输速度能达到300MB/s。但目前许多数码相机和读卡器并不支持此类型的存储卡，因此在购买前要确定当前所使用的相机和读卡器是否支持此类型的存储卡。

存储卡上的Ⅰ与U标识是什么意思

存储卡上的Ⅰ标识表示此存储卡支持UHS（Ultra High Speed，即超高速）接口，即其带宽可以达到104MB/s，因此，如果电脑的USB接口为USB 3.0，存储卡中的1GB照片只需要几秒就可以传输到电脑中。如果存储卡上标识有U，则说明该存储卡还能够满足实时存储高清视频的UHS Speed Class 1标准。

↑ 具有不同标志的SDXC和SDHC存储卡

快门线和遥控器保证拍摄更方便

在进行长时间曝光时，为了避免手指直接接触相机而产生震动，要经常用到快门线。

在使用快门线进行长时间曝光拍摄时，建议最好使用反光板预升功能。因为当按动快门时，反光板抬起的瞬间也会产生震动，这样做可以将振动降到最低，得到接近完美的画质。遥控器的作用与快门线相同，使用方法类似于常见的电视机或者空调遥控器，只需按下遥控器上的按钮，快门就会自动启动。

↑ 佳能遥控器示意图　　↑ 尼康MC-30快门线

↑ 尼康ML-3遥控器

↑ 使用快门线拍摄夜景，可以避免手触相机产生的晃动，从而获得不错的画面质量

24mm ┊ f/18 ┊ 25s ┊ ISO 800

操作方法 佳能数码单反相机光镜预升设置

❶ 在拍摄菜单4中选择反光镜预升选项

❷ 点击选择启用或关闭选项，然后点击 SET OK 图标确定

操作方法 尼康数码单反相机反光板弹起释放模式设置

按下释放模式拨盘锁定解除按钮，并同时转动释放模式拨盘使 **MUP** 图标对准白色标志线处，即为反光板弹起释放模式

脚架保证画面的成像质量

在拍摄微距、长时间曝光题材或长焦镜头拍摄动物时，脚架是必备的摄影配件之一，使用它可以让相机变得更稳定，即使在长时间曝光的情况下，也能够拍摄到清晰的照片。

市场上的脚架类型非常多，按材质可以分为高强塑料材质、合金材料、钢铁材料、碳素纤维等几种，其中以铝合金和碳素纤维材质的脚架最为常见。

对比项目		说　　明
铝合金	碳素纤维	铝合金脚架的价格较便宜，但较重，不便于携带；碳素纤维脚架的档次比铝合金脚架高，便携性、抗震性、稳定性都很好，在经济条件允许的情况下，是非常理想的选择，它的缺点是价格较高
三脚架	独脚架	三脚架用于稳定相机，甚至在配合快门线、遥控器的情况下，可实现完全脱机拍摄；而独脚架的稳定性能要弱于三脚架，主要起支撑作用，在使用时需要摄影师来控制独脚架的稳定性。由于其体积和重量都只有三脚架的1/3，无论是旅行还是日常拍摄携带都十分方便
三节脚架	四节脚架	通常情况下，四节脚架要比三节脚架高一些，但由于第四节往往是最细的，因此在稳定性上略差一些。追求稳定性和操作简便的摄影师可选三节脚管的三脚架，而更在意携带方便性的摄影师应该选择四节脚管的三脚架
三维云台	球形云台	云台包括三维云台和球形云台两类。三维云台的承重能力强、构图十分精准，缺点是占用的空间较大，在携带时稍显不便；球形云台体积较小，只要旋转按钮，就可以让相机迅速转移到所需要的角度，操作起来十分便利

第 2 章

设置相机常用参数与拍摄模式

2.1 JPEG格式与RAW格式"各有千秋"

佳能相机提供了多种拍摄格式供用户选择，对于JPEG格式和RAW格式，可以根据情况而定。在此以80D相机为例进行介绍，其优劣对比如下表所述。

格式	JPEG	RAW
JPEG与RAW格式的优劣对比		
占用空间	占用的空间较小	占用的空间很大，通常比相同尺寸的JPEG图像大4~6倍
成像质量	虽然有压缩，但在选择平滑质量的前提下，肉眼基本上看不出来	以肉眼来看，基本看不出与JPEG格式的区别
宽容度	此格式的图像是经数字信号处理器加工过的格式，进行了一定的压缩，虽然肉眼难以分辨，但确实少了很多细节。而且处理器性能的强弱，直接影响了JPEG格式图像的宽容度及成像质量。尤其在后期处理时更容易发现这一点，当对阴影（高光）区域进行强制性提亮（降暗）时，该问题越发明显。	RAW格式是原始的、未经数码相机处理的影像文件格式，它反映的是从影像传感器中得到的最直接的信息，是真正意义上的"数码底片"。由于RAW格式的影像未经相机的数字信号处理器调整清晰度、反差、色彩饱和度和白平衡，因而保留了丰富的图像原始数据，有更好的画面层次和细节
可编辑性	使用Photoshop、光影魔术手、美图秀秀等软件均可直接进行编辑，并可发布于QQ相册、论坛中	需要使用专门的软件进行编辑
适用范围	日常游玩拍摄	专业性质的输出、重要的活动记录等

对于专业摄影师来说，为了追求高品质摄影，通常采用RAW格式进行拍摄，因为RAW格式可以给后期处理留有更大的余地。下图使用的是Photoshop软件的Camera Raw插件，可以对图片的白平衡、色温、色调、曝光、亮度、对比度和饱和度等进行调整，比JPEG格式的处理效果更加出色。当然，如果使用佳能的RAW格式处理软件Digital Photo Professional，其兼容性会更好，从而得到更佳的处理效果。

❶ 白平衡与色温设置

❷ 曝光设置

❸ 立体感与色彩设置

↑ Photoshop软件的Camera Raw插件界面

用后期完善前期：RAW 格式照片处理

　　无论是从专业性，还是从功能的丰富程度等角度来说，相机中的
RAW 格式图像处理功能都比不上专业的处理软件，例如Photoshop中附
带的Camera Raw软件就是其中之一。选择不同的选项进行参数设置，可
以对色温、曝光、色彩、锐度和对比度等属性进行编辑。

　　详细操作步骤请扫描二维码查看。

↑ 原始素材图

→ 处理后的效果图

↑ 调整优化校准

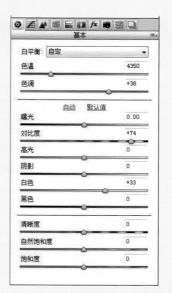

↑ 选择"基本"选项后，可以对
照片进行色温、曝光、清晰度的
调整

↑ 调整渐变滤镜

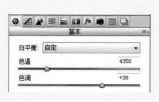

↑ 调整色温

照片尺寸设置越大越好

在拍摄前，除了设置照片的保存格式外，用户还可以根据自己的需要设置照片的尺寸。照片的尺寸越大，所占的存储空间越大，能够打印出的照片也就越大。需要注意的是，照片尺寸的设置一般只针对JPEG格式的文件。建议在任何情况下都选择高画质选项，哪怕选择稍小的照片尺寸也可以，千万不要为了省一点儿空间而降低画面质量。

下表是以拥有2400万有效像素的Canon EOS 80D相机为例，列出了其各种画质的格式、像素、文件大小和适合的打印尺寸，虽然各种单反相机的像素都各有不同，但该表中的文件大小、打印尺寸等参数还是很有参考价值的。

文件格式	画 质	记录的像素量（万）	打印尺寸	文件大小（MB）	可拍摄数量	最大连拍数量
JPEG	▲L	2400	A2	7.6	940	110
	▲L			3.9	1800	120
	▲M	1100	A3	4.1	1730	140
	▲M			2.0	3430	140
	▲S1	590	A4	2.6	2700	140
	▲S1			1.3	5260	150
	S2	250	9×13cm	1.3	5260	150
	S3	30	—	0.3	20180	150
RAW	RAW	2400	A2	28.9	240	25
	M RAW	1400	A3	22.8	300	26
	S RAW	600	A4	15.9	440	28
RAW + JPEG	RAW +▲L	2400+2400	A2	28.9+7.6	190	22
	M RAW +▲L	1400+2400	A3+A2	22.8+7.6	220	22
	S RAW +▲L	600+2400	A4+A2	15.9+7.6	300	22

用后期完善前期：使用裁剪工具改变照片的尺寸

    Photoshop CC中的裁剪工具 可以对照片进行任意裁剪，且该工具还可以设置"三等分"等网格叠加选项，从而在裁剪过程中帮助摄影师确认画面元素的位置，并形成严谨的三分法构图效果。

    详细操作步骤请扫描二维码查看。

➡ 处理后的效果图

⬇ 原始素材图

2.2 开启"提示音"功能方便确认对焦情况

    在拍摄比较细小的物体时，是否正确合焦可能不容易从取景器和显示屏上分辨出来，这时可以开启"蜂鸣音（尼康）"/"提示音（佳能）"功能，以便确认相机合焦后迅速按下快门按钮，从而得到清晰的画面。如果选择"关闭"选项，相机将不会发出蜂鸣音/提示音。无论是哪个层次的摄影爱好者都建议开启此功能。

操作步骤 佳能数码单反相机提示音设置

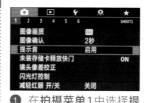

❶ 在**拍摄菜单**1中选择**提示音**选项

❷ 点击选择**启用**、**触摸**或**关闭**选项

操作步骤 尼康数码单反相机蜂鸣音设置

❶ 在**设定菜单**中选择**蜂鸣音**选项

❷ 点击可选择**蜂鸣音开启/关闭**、**音量**或**音调**选项进行设置

2.3 设置"自动旋转图像"功能方便观看图像

当使用相机竖拍时，为了方便查看，可以使用"自动旋转图像（尼康）"/"自动旋转（佳能）"功能将所拍摄的竖画幅照片旋转为竖直方向。

↑ 通过设置自动旋转图像方便拍摄竖画幅后进行查看

操作步骤 尼康数码单反相机自动旋转图像设置

❶ 点击选择**设定**菜单中的**自动旋转图像**选项

❷ 点击选择**开启**或**关闭**选项

操作步骤 佳能数码单反相机自动旋转设置

❶ 在**设置菜单1**中选择**自动旋转**选项

❷ 点击选择需要的选项

➡ 在竖拍人像时，可以启用自动旋转图像功能，以方便回看时浏览

35mm ┊ f/8 ┊ 1/160s ┊ ISO 200

2.4　根据拍摄场景选择拍摄模式

程序自动模式：轻松拍摄完美曝光图片的模式

　　P挡模式可以设置除光圈及快门速度以外的所有参数，如ISO感光度、白平衡、曝光补偿和闪光灯等；同时，也可以选择不同的曝光组合，以适应不同的拍摄需求。

　　此模式最大的优点是操作简单、快捷，对于新闻、纪实等需要大量抓拍的拍摄题材而言非常有用。

→ 采用P挡模式拍摄，一般能得到正确的曝光，但是感觉有些程式化

17mm ┊ f/8 ┊ 1/25s ┊ ISO 100

→ 使用程序自动曝光模式可方便进行抓拍

85mm ┊ f/5.6 ┊ 1/250s ┊ ISO 200

光圈优先模式：景深优先的模式

使用光圈优先曝光模式拍摄时，摄影师可以从镜头的最小光圈到最大光圈之间选择所需光圈，相机会根据当前设置的光圈大小自动计算出合适的快门速度。

光圈优先是摄影中使用得最多的一种拍摄模式，在佳能相机上显示为"Av"，在尼康相机上显示为"A"。使用该模式拍摄的最大优势是可以控制画面景深，为了获得更准确的曝光效果，经常和曝光补偿配合使用。

使用光圈优先模式应该注意以下两个问题：

■ 当光圈过大而导致快门速度超出了相机极限时，如果仍然希望保持该光圈，可以尝试降低ISO感光度的数值，或者使用中灰滤镜降低光线的进入量，以保证曝光准确。

■ 为了得到大景深而使用小光圈时，应该注意快门速度不能低于安全快门速度。

◀ 采用光圈优先模式拍摄，使用较大的光圈虚化背景，画面整体虚实对比强烈、主体突出

17mm | f/1.8 | 1/1250s | ISO 200

◀ 为了表现花海的气势，不仅使用广角镜头，还设置了较小的光圈，得到了大景深的画面

24mm | f/16 | 1/250s | ISO 100

快门优先模式：动感优先的模式

　　快门优先模式在佳能相机上显示为"Tv"，在尼康相机上显示为"S"。在该模式下可以为快门指定一个速度，然后相机会自动计算光圈的大小，以获得正常的曝光。较高的快门速度可以凝固动作或者移动动作的主体；较慢的快门速度可以产生模糊效果，从而产生动感。

　　在拍摄时，快门速度需要根据拍摄对象的运动速度和照片的表现形式（即凝固瞬间的清晰还是带有动感的模糊）来决定。

➡ 一秒的慢速快门能将晶莹通透的水流凝固成雾状的水汽，使画面得到意想不到的效果

184mm ┊ f/22 ┊ 1s ┊ ISO 100

⬅ 中速快门真实再现了水花溅起的瞬间细节，使观者身临其境

49mm ┊ f/7.1 ┊ 1/500s ┊ ISO 100

➡ 采用S挡模式拍摄跑动中的小孩，也能抓拍到非常清晰的画面

200mm ┊ f/5.6 ┊ 1/800s ┊ ISO 100

手动模式：随心所欲设定参数的自由模式

　　M挡模式需要同时调控快门和光圈参数，也就是说，在按下快门之前，必须手动设置好光圈大小和快门速度。采用M挡随意调控，可以拍出自己想要的效果。

　　采用M挡模式可以拍出摄影者想要的效果，因此M挡模式是许多专业摄影者喜爱的模式。在该模式下，相机的所有智能分析、计算功能都将不再工作，所有参数都要由拍摄者进行设置。很多专业摄影师根据自己的拍摄经验和对光线的把握等，能够很快地做出合理的参数设置。

↑ 在影楼中拍摄人像通常使用全手动曝光模式，由于光线稳定，基本不需要调整光圈和快门速度，只需要改变焦距和构图即可

50mm ｜ f/6.3 ｜ 1/200s ｜ ISO 200

B门模式

使用B门曝光模式时，当摄影师持续地完全按下快门按钮时，快门一直保持打开状态，直到松开快门按钮时，快门才关闭并结束曝光过程。因此，曝光时间的长短取决于快门按钮被按下与被释放的中间过程。B门模式特别适合拍摄夜晚的车流、星轨、焰火等需要长时间曝光的弱光摄影题材。

↑ 利用B门模式得到奇幻效果的星轨画面

20mm ┊ f/4 ┊ 1500s ┊ ISO 800

使用佳能低端入门相机设置B门模式时，需在快门速度降到30s后，继续向左旋转指令拨盘即可切换至B门，此时屏幕中显示为 bulb。使用佳能中高端相机设置B门模式时，直接旋转拨盘，即可选择B门曝光模式。设置为B门模式后，持续完全地按下快门按钮时快门保持打开，松开快门按钮时快门关闭。

而在尼康相机上设置B门模式时，只需在M挡模式下将快门速度降至最低即可。

第3章

全面解析曝光要素

3.1 光圈——控制光线进入量

认识光圈及其表现形式

摄影初学者经常听到大光圈、小光圈、调光圈值之类的词，那么什么是光圈？什么是大光圈，什么又是小光圈呢？

光圈其实就是相机镜头内部的一个组件，它由许多片金属薄片组成，金属薄片可以活动，通过改变它的开启程度可以控制进入镜头光线的多少。光圈开启越大，通光量就越多；光圈开启越小，通光量就越少。

↑ 从镜头的底部可以看到镜头内部的光圈金属薄片

光圈表示方法	用字母F或f/表示，如F8（或f/8）
常见的光圈值	f/1.4、f/2、f/2.8、f/4、f/5.6、f/8、f/11、f/16、f/22、f/32、f/36
变化规律	光圈每递进一挡，光圈口径就不断缩小，通光量也逐挡减半。例如，f/5.6光圈的进光量是f/8的两倍

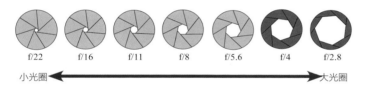

f/22　f/16　f/11　f/8　f/5.6　f/4　f/2.8

小光圈 ←————————————————→ 大光圈

为了便于理解，我们可以将光线比作水流，将光圈比作水龙头。在同一时间段内，如果希望水流更大，水龙头就要开得更大。换言之，如果希望更多光线通过镜头，就需要使用较大的光圈；反之，如果不希望更多光线通过镜头，就需要使用较小的光圈。

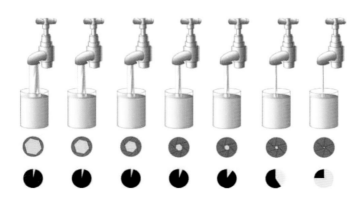

操作方法　佳能数码单反相机设置光圈值的方法

在使用M挡拍摄时，转动速控转盘◎来调整光圈；在使用Av挡拍摄时，可旋转主拨盘✺来调整光圈

操作方法　尼康数码单反相机设置光圈值的方法

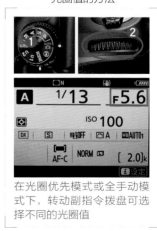

在光圈优先模式或全手动模式下，转动副指令拨盘可选择不同的光圈值

如何记住光圈数值与光圈大小的对应关系

光圈越大，光圈数值就越小（如f/1.2、f/1.4）；反之，光圈越小，光圈数值就越大（如f/18、f/32）。初学者往往记不住这个对应关系，其实只要记住，光圈值实际上是一个倒数即可，例如，f/1.2的光圈代表此时光圈的孔径是1/1.2，同理f/18的光圈代表此时光圈孔径是1/18，很明显1/1.2>1/18，因此，f/1.2是大光圈，而f/18是小光圈。

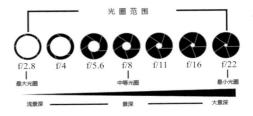

光圈如何影响画面亮暗

在日常拍摄时，一般最先调整的曝光参数都是光圈值，在其他参数不变的情况下，光圈增大一挡，则曝光量提高一倍。例如，光圈从f/4增大至f/2.8，即可增加一倍的曝光量；反之，光圈减小一挡，则曝光量也随之降低一半。

换句话说，光圈开启越大，通光量就越多，所拍摄出来的照片也越明亮；光圈开启越小，通光量就越少，所拍摄出来的照片也越暗淡。

35mm ¦ f/3.2 ¦ 1/10s ¦ ISO 640

35mm ¦ f/4 ¦ 1/10s ¦ ISO 640

35mm ¦ f/4.5 ¦ 1/10s ¦ ISO 640

35mm ¦ f/5.6 ¦ 1/10s ¦ ISO 640

从这组照片中可以看出，当光圈从f/3.2逐级缩小至f/5.6时，由于通光量逐渐降低，因此拍摄出来的照片也逐渐变暗。

光圈如何影响画面清晰与模糊区域

　　光圈是控制景深的重要因素，即在其他条件不变的情况下，光圈越大，景深就越小；反之，光圈越小，景深就越大。在拍摄时想通过控制景深来使自己的作品更有艺术效果，就要合理使用大光圈和小光圈。

　　景深是描述照片清晰区域的专业术语，但对于初学者只要简单地将景深简单理解为背景或前景的模糊程度即可。

　　从这一组照片中可以看出，当光圈从 f/22 逐渐增大到 f/4 时，照片的背景就越来越模糊（即景深越来越小）。

　　理解光圈如何影响照片景深后，下面要了解的是该在什么情况下用大光圈，什么情况下用小光圈。

↑ 70mm ┊ f/22 ┊ 1/200s ┊ ISO 100

↑ 70mm ┊ f/14 ┊ 1/320s ┊ ISO 100

大光圈（f/1.2 ~ f/4）	小光圈（f/8 ~ f/22）
形成小景深，能够模糊背景，突出主体	形成大景深，让画面中的所有景物都能清晰再现
人像摄影、微距摄影	风景摄影、建筑摄影、纪实摄影等

↑ 70mm ┊ f/6.3 ┊ 1/500s ┊ ISO 100

↑ 70mm ┊ f/4 ┊ 1/640s ┊ ISO 100

↑ 大光圈的典型效果

← 小光圈的典型效果

3.2 快门速度——控制快门开启时长

曝光时间

相机的曝光时间是指从快门打开到关闭的时间间隔。在这一段时间内，光线可以投射到相机的感光元件的感光面上，从而在感光元件上留下影像。

快门与快门速度的含义

欣赏摄影师的作品，可以看到如飞翔的鸟儿、跳跃在空中的人物、车流的轨迹、丝一般的流水等画面，这些具有动感的场景都是控制快门速度的结果。

那么什么是快门速度呢？简单地说，在按动快门按钮时，从快门打开到关闭所用的时间就是快门速度，这段时间实际上也就是电子感光元件的曝光时间。

所以，快门速度决定了曝光时间的长短。快门速度越高，则曝光时间就越短，曝光量也越低；快门速度越低，则曝光时间就越长，曝光量也越高。

下面分别展示了使用佳能与尼康相机时，控制快门速度的方法。

↑ 快门结构

操作方法 佳能数码单反相机设置快门速度值的方法

在使用M挡或Tv挡拍摄时，直接向左或向右转动主拨盘，即可调整快门速度

操作方法 尼康数码单反相机设置快门速度值的方法

在快门优先和全手动模式下，转动主指令拨盘即可选择不同的快门速度

快门速度的表示方法

快门速度以秒为单位，低端入门级数码单反相机的快门速度范围通常为1/4000s～30s，而中、高端单反相机，如Nikon D7500、Nikon D810的最高快门速度可达1/8000s，已经可以满足几乎所有题材的拍摄要求。

分 类	常见快门速度	适 用 范 围
低速快门	30s、15s、8s、4s、2s、1s	在拍摄夕阳、日落后以及天空仅有少量微光的日出前后时，都可以使用光圈优先曝光模式或手动曝光模式。使用 1s～5s 的快门速度也能够将瀑布或溪流拍摄出如同棉絮一般的梦幻效果，使用 10s～30s 可以拍摄光绘、车流、银河等题材
	1s、1/2s	适合在昏暗的光线下，使用较小的光圈获得足够的景深，通常用于拍摄稳定的对象，如建筑、城市夜景等
	1/4s、1/8s、1/15s	1/4s 的快门速度可以作为拍摄成人夜景人像时的最低快门速度。该快门速度也适合拍摄一些光线较强的夜景，如明亮的步行街和光线较好的室内
中速快门	1/30s	在使用标准镜头或广角镜头拍摄时，该快门速度可以视为最慢的快门速度，但在使用标准镜头时，对手持相机的平稳性有较高的要求
	1/60s	对于标准镜头而言，该快门速度可以保证进行各种场合的拍摄
	1/125s	这一挡快门速度非常适合在户外阳光明媚时使用，同时也能够拍摄运动幅度较小的物体，如走动中的人
	1/250s	适合拍摄中等运动速度的拍摄对象，如游泳运动员、跑步中的人或棒球活动等
高速快门	1/500s	该快门速度已经可以抓拍一些运动速度较快的对象，如行驶的汽车、跑动中的运动员、奔跑中的马等
	1/1000s、1/2000s、1/4000s、1/8000s	该快门速度区间已经可以用于拍摄一些极速运动的对象，如赛车、飞机、足球运动员、飞鸟以及瀑布飞溅出的水花等

35mm | f/16 | 10s | ISO 100

➡ 使用慢速快门拍摄，得到了车灯形成轨迹的画面

快门速度对曝光的影响

如前面所述，快门速度的快慢决定了曝光量的多少。具体而言，在其他条件不变的情况下，每一倍的快门速度变化，会导致一倍曝光量的变化。例如，当快门速度由1/125s变为1/60s时，由于快门速度慢了一半，曝光时间增加了一倍，因此总曝光量也随之增加了一倍。

105mm ┊ f/4.5 ┊ 1/15s ┊ ISO 100

105mm ┊ f/4.5 ┊ 1/10s ┊ ISO 100

105mm ┊ f/4.5 ┊ 1/8s ┊ ISO 100

105mm ┊ f/4.5 ┊ 1/6s ┊ ISO 100

105mm ┊ f/4.5 ┊ 1/5s ┊ ISO 100

105mm ┊ f/4.5 ┊ 1/4s ┊ ISO 100

通过这组照片可以看出，在其他曝光参数不变的情况下，当快门速度逐渐变慢时，由于曝光时间变长，因此拍摄出来的照片也逐渐变亮。

快门对画面动感的影响

快门速度不仅影响进光量，还会影响画面的动感效果。在表现静止的景物时，快门速度的快慢对画面不会有什么影响，除非摄影师在拍摄时有意摆动镜头；但在表现动态的景物时，不同的快门速度能够营造出不一样的画面效果。

这一组示例照片是在焦距、感光度都不变的情况下，分别将快门速度依次调慢所拍摄的。

对比下方这一组照片，可以看到当快门速度较快时，水流被定格成为清晰的水珠；但当快门速度逐渐降低时，水流在画面中渐渐变为拉长的运动线条。

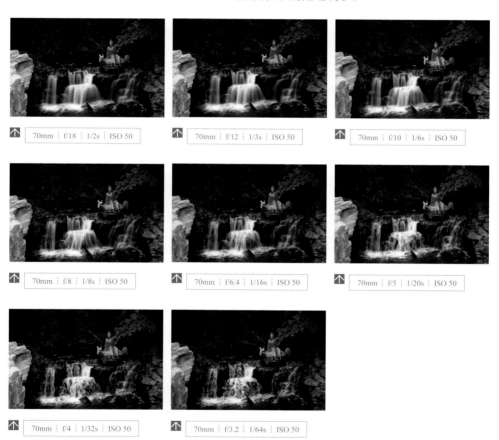

↑ 70mm | f/18 | 1/2s | ISO 50   ↑ 70mm | f/12 | 1/3s | ISO 50   ↑ 70mm | f/10 | 1/6s | ISO 50

↑ 70mm | f/8 | 1/8s | ISO 50   ↑ 70mm | f/6.4 | 1/16s | ISO 50   ↑ 70mm | f/5 | 1/20s | ISO 50

↑ 70mm | f/4 | 1/32s | ISO 50   ↑ 70mm | f/3.2 | 1/64s | ISO 50

拍摄效果	快门速度设置	说　　明	适用拍摄场景
凝固运动对象的精彩瞬间	使用高速快门	拍摄对象的运动速度越高，采用的快门速度也要越快	运动中的人物、奔跑的动物、飞鸟、瀑布
运动对象的动态模糊效果	使用低速快门	使用的快门速度越低，所形成的动感线条越柔和	流水、夜间的车灯轨迹、风中摇摆的植物、流动的人群

安全快门确保画面清晰

　　手持相机拍摄时，会出现由于手的抖动而导致照片画面不实的现象。为保证画面的清晰，需要使用安全快门进行拍摄。安全快门指镜头焦距的倒数，如拍摄时使用镜头的250mm焦距，安全快门就是1/250s，选择1/250s以上的快门速度（再高两挡才保险）才可避免因手的抖动造成的影像模糊。在使用长焦拍摄鸟类、野生动物时需特别注意。

　　需要注意的是，APS-C画幅（尼康为DX画幅）相机在计算安全快门时，焦距需要乘以1.6（尼康相机为1.5）的转换系数。安全快门只是一个参考数字，为保证照片的品质，三脚架的作用仍然是不可替代的。

◀ 使用长焦镜头拍摄远处的山峰时，为了确保画面清晰，应注意使用安全快门速度

300mm ｜ f/5.6 ｜ 1/400s ｜ ISO 200

◀ 为了确保画面的清晰，应确保快门速度是焦距的倒数或者更高

135mm ｜ f/2.8 ｜ 1/1000s ｜ ISO 100

3.3　感光度——调整感光元件对光线的敏感度

理解感光度

作为曝光三要素之一的感光度，在调整曝光的操作中，通常作为最后一项。感光度是指相机的感光元件（即图像传感器）对光线的感光敏锐程度。

在相同条件下，感光度越高，相机对光线越敏感，曝光越充分，照片就会越亮。

下面的表格分别针对佳能与尼康展示了不同相机的感光度范围，基本的规律是越高端的相机感光度的范围也越广。

操作方法 尼康数码单反相机设置感光度的方法

按 ISO 按钮并转动主指令拨盘，即可调节 ISO 感光度的数值

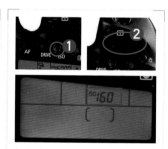

操作方法 佳能数码单反相机设置感光度的方法

按相机顶面的ISO按钮，然后转动主拨盘，即可调节 ISO 感光度的数值

APS-C 画幅 /DX 画幅		
佳能	Canon EOS 800D	Canon EOS 80D
ISO 感光度范围	ISO 100 ～ 25600 可以向上扩展至 ISO 51200	ISO 100 ～ 16000 可以向上扩展到 ISO 25600
尼康	Nikon D5600	Nikon D7500
ISO 感光度范围	ISO 100 ～ 25600	ISO 100 ～ 51200 可以向下扩展至 ISO 50， 向上扩展到 ISO 1640000
全 画 幅		
佳能	Canon EOS 6D Mark II	Canon EOS 5D Mark IV
ISO 感光度范围	ISO 100 ～ 40000 可以向下扩展至 ISO 50， 向上扩展至 ISO 102400	ISO 100 ～ 32000， 可以向下扩展至 ISO 50， 向上扩展至 ISO 102400
尼康	Nikon D810	Nikon D850
ISO 感光度范围	ISO 64 ～ 12800 可以向上扩展到 ISO 51200	ISO 64 ～ 25600 可以向下扩展至 ISO 32， 向上扩展到 ISO 102400

感光度对曝光效果的影响

在有些场合拍摄时，如拍摄森林中的鸟类、光线较暗的博物馆等，光圈与快门速度已经没有调整的空间，并且在无法开启闪光灯补光的情况下，那么便只剩下提高感光度一种选择。

在其他条件不变的情况下，感光度每增加一挡，感光元件对光线的敏锐度会随之增加一倍，即曝光量增加一倍；反之，感光度每减少一挡，曝光量则减少一半。

下面是一组在焦距为50mm、光圈为f/3.2、快门速度为1/20s的特定参数下，只改变感光度拍摄的照片效果。

这组照片是在M挡手动曝光模式下拍摄的，在光圈、快门速度不变的情况下，随着ISO数值的增大，由于感光元件的感光敏感度越来越高，画面变得越来越亮。

固定的曝光组合	想要进行的操作	方法	示例说明
f/2.8、1/200s、ISO 400	改变快门速度并使光圈数值保持不变	提高或降低感光度	例如，快门速度提高一倍（变为1/400s），则可以将感光度提高一倍（变为ISO 800）
f/2.8、1/200s、ISO 400	改变光圈值而保证快门速度不变	提高或降低感光度	例如，增加两挡光圈（变为f/1.4），则可以将ISO感光度数值降低两挡（变为ISO 100）

↑ 50mm ┊ f/3.2 ┊ 1/20s ┊ ISO 100

↑ 50mm ┊ f/3.2 ┊ 1/20s ┊ ISO 125

↑ 50mm ┊ f/3.2 ┊ 1/20s ┊ ISO 200

↑ 50mm ┊ f/3.2 ┊ 1/20s ┊ ISO 320

高、低感光度的优点、缺点分析

高低不同的ISO感光度有各自的优点和缺点。在实际拍摄中会发现，没有哪个级别的感光度是能够适合每种拍摄状况的。所以，如果一开始便知道在什么情况下应该使用哪个级别的ISO值（低、中、高），就能最大限度地发挥相机性能，拍出好的照片效果。

1. 低ISO值（ISO 100~400）

优点及适用题材： 使用低感光度值拍摄可以获得质量很高的影像，照片的噪点很少。因此，如果追求高质量影像，应该使用低感光度。使用低感光度会延长曝光时间，即降低快门速度。在拍摄需要有动感模糊效果的丝滑的水流或流动的云彩时，通常要用低感光度降低快门速度，以获得较好的动感效果。

缺点及不适用题材： 在弱光环境下手持相机进行拍摄时，如果使用低感光度会造成画面模糊。因为在此情况下曝光时间必然会被延长，而在这段曝光时间内，除非摄影师具有

↑ 在拍摄日落时，为了得到精细的画质而设置较低的感光度，可看出天空丰富的色彩和细腻的层次，与平静的海面构成了一幅宁静、和谐的画面

| 20mm | f/11 | 1/50s | ISO 100 |

超常的平衡能力，否则就会因为其手部或身体的轻微抖动，导致拍摄瞬间相机脱焦。换而言之，拍摄出来的照片焦点必然是模糊的。

2. 高ISO值（ISO 500以上）

优点及适用题材：高感光度适用于在弱光环境下手持相机拍摄，与前面讲述的情况相反，由于高感光度缩短了曝光时间，因此降低了由于摄影师抖动导致照片模糊的可能性。另外，也适用于需要较高快门速度定格快速移动主体的题材，例如飞鸟、运动员等。此外，可以使用高ISO值会使照片增加噪点的特性，来增添照片的胶片感、厚重感或拍摄对象的粗糙感。

缺点及不适用题材：ISO值越高，噪点越多，影像的清晰度越差，影像之间的过渡越不自然，因此不适用于拍摄高调风格照片和追求高画质的题材，如雪景、云雾、人像等。

↑ 通过设置较高的感光度值来提高快门速度，将弱光的建筑室内拍摄清晰

28mm ┊ f/2.8 ┊ 1/100s ┊ ISO 1000

感光度的设置原则

由于感光度对画质影响很大，因此在设置感光度时要把握一定的原则，从而在最大程度上保证画面曝光充足，且不至于影响画面质量。

根据光照条件来区分

① 如果拍摄时光线充足，例如，晴天或薄云的天气，应该将感光度控制为较低的数值，感光度一般都设置在 ISO 100～200。

② 如果拍摄是在阴天或下雨的室外，推荐使用 ISO 200～1600。

③ 如果拍摄是在傍晚或夜晚的灯光下，推荐使用 ISO 1600～6400。

根据所拍摄的对象来区分

① 如果拍摄的是人像，为了使人物有细腻的皮肤质感，推荐使用较低的感光度，如 ISO 100、ISO 200。

② 如果拍摄对象需要长时间曝光，如流水或夜景，也应该使用相对低的感光度，如 ISO 100、ISO 200。

③ 如果拍摄的是高速运动的主体，为了在安全快门内可以拍到清晰图像，应该尝试将 ISO 设置到 3200 或 6400 的数值上，以获得更高的快门速度。

↑ 使用 ISO 100 拍摄人像，人物的皮肤很细腻

| 50mm | f/2 | 1/250s | ISO 100 |

总体原则

如果拍摄的目的是记录性质的，感光度设置的总原则是"先拍到，再拍好"，即优先考虑使用高感光度，以避免由于感光度低，导致快门速度也比较低，从而拍摄出模糊的照片。因为画质损失可通过后期处理来弥补，而画面模糊则意味着拍摄失败，是无法补救的。

如果拍摄的目的是商用性质，照片的画质处于第一位，感光度设置原则应该是"先拍好，再拍到"，如果光线不足以支持拍摄时使用较低感光度的话，宁可放弃拍摄。

需要特别指出的是，在光线充足与不足的环境中分别拍摄时，即使是设置相同的ISO感光度值，在光线不足的环境中拍摄的照片也会产生很多噪点，如果此时再使用较长的曝光时间，那么就更容易产生噪点。因此，在弱光环境下拍摄时，更需要设置低感光度，并配合高感光度降噪和长时间曝光降噪功能来获得较高的画面质量。

↑ 左侧大图是在傍晚弱光环境下拍摄的，由于光线较弱，虽然使用ISO 200的感光度，截取画面局部与右上方光线充足时拍摄的建筑物画面相比，可以看出，照片中仍然产生了大量的噪点

20mm ┊ f/14 ┊ 10s ┊ ISO 200

用后期完善前期：用Noiseware去除高ISO拍摄的弱光照片噪点

原始素材图

Noiseware是一款极负盛名的专业照片降噪滤镜，通常情况下，摄影师只需要根据照片的类型、噪点的多少选择一个对应的预设，就可以得到很好的处理结果。在有需要的情况下，摄影师也可以自定义参数并保存为预设，以便于以后使用。

详细操作步骤请扫描二维码查看。

处理后的效果图

3.4 曝光补偿

曝光补偿的基本概念与设置方法

通过调整曝光补偿数值，可以改变照片的曝光效果，从而使拍摄出来的照片传达出摄影师的表现意图。例如，通过增加曝光补偿，使照片轻微曝光过度以得到柔和的色彩与浅淡的阴影，使照片有轻快、明亮的效果；或者通过减少曝光补偿，使照片变暗。

在拍摄时，是否能够主动运用曝光补偿技术，是判断一位摄影师是否真正理解摄影的光影奥秘的标准之一。

佳能、尼康数码单反相机相机的曝光补偿范围－5.0～+5.0EV，并以1/3级为单位进行调节。

操作方法 尼康数码单反相机相机曝光补偿设置

按 ☒ 按钮，然后转动主指令拨盘，即可在控制面板上调整曝光补偿数值

操作方法 佳能数码单反相机相机曝光补偿设置

在 P、Tv、Av 模式下，半按快门查看取景器曝光量指示标尺，然后转动速控转盘 ○ 即可调节曝光补偿值

← 在拍摄美女时，为了使其面部更白皙，可通过增加曝光补偿来提亮被摄者的面部，以达到美化人物的效果

135mm ┊ f/3.2 ┊ 1/400s ┊ ISO 200

正确理解曝光补偿

许多摄影初学者在刚接触曝光补偿时，以为使用曝光补偿可以在曝光参数不变的情况下，提亮或加暗画面，这种认识是错误的。

实际上，曝光补偿是通过改变光圈与快门速度来提亮或加暗画面的。即在光圈优先模式下，如果增加曝光补偿，相机实际上是通过降低快门速度来实现的。在快门优先模式下，如果增加曝光补偿，相机实际上是通过增大光圈来实现的（直至达到镜头的最大光圈），因此，当光圈达到镜头的最大光圈时，曝光补偿就不再起作用。

下面通过两组照片和拍摄参数来佐证这一点。

50mm | f/1.4 | 1/10s
ISO 100 | +1.3EV

50mm | f/1.4 | 1/25s
ISO 100 | +0.7EV

50mm | f/1.4 | 1/50s
ISO 100 | 0EV

50mm | f/1.4 | 1/80s
ISO 100 | −0.7EV

从上面展示的4张照片中可以看出，在光圈优先模式下改变曝光补偿，照片的画面越来越暗。但参数改变的实质是相机改变了快门速度，快门速度从最左侧的1/10s，变化到了最右侧的1/80s。

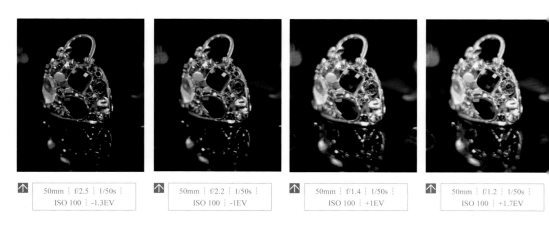

50mm | f/2.5 | 1/50s
ISO 100 | -1.3EV

50mm | f/2.2 | 1/50s
ISO 100 | -1EV

50mm | f/1.4 | 1/50s
ISO 100 | +1EV

50mm | f/1.2 | 1/50s
ISO 100 | +1.7EV

从上面展示的4张照片中可以看出，在快门优先模式下，改变曝光补偿，照片越来越亮，实际上是改变了光圈大小，光圈从最左侧的f/2.5变化到了最右侧的f/1.2。

曝光补偿的设置原则——"白加黑减"

　　曝光补偿有正向与负向之分，即增加与减少曝光补偿，要判断是进行正向还是负向曝光补偿，最简单的方法就是依据口诀"白加黑减"来判断。"白加"里面提到的"白"并不是单纯地指白色，而是泛指一切颜色看上去较亮、较浅的景物，如雪、雾、白云、浅色的花朵等；同理，"黑减"中提到的"黑"，也并不是单纯地指黑色，而是泛指一切颜色看上去较暗、较深的景物，如夜景、阴暗的树林、黑胡桃色的木器等。

　　当拍摄"白色"的场景时，就应该进行正向曝光补偿；而在拍摄"黑色"的场景时，就应该进行负向曝光补偿。

↑ 应根据拍摄题材的特点进行曝光补偿，以得到合适的画面效果

用后期完善前期：模拟减少曝光补偿以强化色彩与细节的效果

　　在本例中，主要是使用Camera Raw中的渐变滤镜功能，分别对照片的天空和地面进行减少和增加曝光的处理，以显示出其中的细节。在基本调整好各部分的曝光与细节后，再通过"基本"选项卡中的参数，对对比度和细节进行细致的调整。另外，由于本例中暗部的曝光不太均匀，因此还使用了调整画笔工具☑️对局部曝光进行了适当的调整。

　　详细操作步骤请扫描二维码查看。

↑ 原始素材图

↑ 处理后的效果图

3.5　针对要表现的对象进行测光

评价测光模式

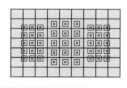

↑ 评价测光模式示意图

　　评价测光模式是佳能相机的称法，尼康相机中称为矩阵测光。在大多数拍摄情况下，评价测光模式是使用最多的一种测光模式，几乎所有相机厂商都将其作为相机默认的测光模式。

　　评价测光模式是通过测量取景画面中全部景物的平均亮度值，并以此为依据来确定曝光量的。

➜ 在蜻蜓和背景光线反差不大时，使用评价测光模式就可以获得正确的曝光

200mm | f/5.6 | 1/320s | ISO 100

中央重点平均测光模式

中央重点平均测光模式是佳能相机的称法，在尼康相机中称为中央重点测光。中央重点平均测光模式适合在明暗反差较大的环境下进行测光，或者拍摄时要重点考虑画面中间位置被拍摄对象的曝光情况时使用，此时相机是以画面的中央区域作为最重要的测光参考，同时兼顾其他区域的测光数据。该方式能实现画面中央区域的精准曝光，又能保留部分背景的细节，因此这种测光模式适合拍摄主体位于画面中央主要位置的场景，在人像摄影、微距摄影等题材中经常使用。

↑ 中央重点平均测光模式示意图

← 使用中央重点测光模式，可以以人物脸部为重点测光范围进行曝光，从所拍摄的画面中可看出人物的曝光最合适

200mm ⋮ f/3.2 ⋮ 1/640s ⋮ ISO 100

← 在背景较暗的情况下，使用中央重点测光模式针对主体测光，可以保证主体曝光合适

100mm ⋮ f/8 ⋮ 1/320s ⋮ ISO 200

点测光模式

　　当画面背景和主体明暗反差特别大时，比较适合使用点测光模式，例如拍摄日出日落的画面时就经常使用点测光模式。使用点测光模式时，由于相机只会对画面的中央区域进行测光，而该区域只占整个画面的3%左右，因此具有相当高的精准性。但要注意的是，如果选择的测光位置稍有不准确，就会出现曝光失误。

　　此外，由于它只是对中央的较小部分进行区域测光，所以，画面中暗部的很多细节会丢失，因此在选用点测光模式时要十分慎重。

↑ 点测光模式示意图

➡ 由于背景与人物的明暗反差较大，因此使用点测光针对人物面部进行测光，得到了人物曝光正常、背景被压暗的画面效果

40mm ┆ f/9 ┆ 1/400s ┆ ISO 100

3.6 用包围曝光功能应对光线复杂的场景

所谓包围曝光，指的是拍摄正常、增加曝光及降低曝光三张照片（也可以根据设置只拍摄正常与增加或减少曝光的两张照片），从而获得一组高光、中间调与暗调区域都拥有丰富细节的照片。利用这组照片，可以在后期软件中进行 HDR 合成，从而获得高光、中间调及暗调都充满丰富细节的照片。

当然，在控制不住曝光时，为了保险起见，也可以使用这种方法连续拍摄多张照片，并从中选择一张曝光较为满意的作品。

在实际使用时，如果是单拍模式，则要按下三次快门才能完成自动包围曝光的拍摄；如果是使用连拍模式，则按住快门不放并连续拍摄三张照片。

↑ 设置包围曝光后，分别拍摄 – 1.3EV、+0.3EV、+2EV时的效果

操作方法 尼康数码单反相机包围曝光设置

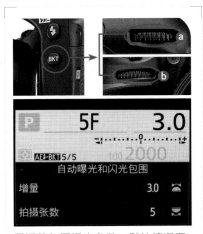

要调整包围曝光参数，默认情况下，按 BKT 按钮，转动主指令拨盘可以调整拍摄的张数 ⓐ；转动副指令拨盘可以调整包围曝光的范围 ⓑ

操作方法 佳能数码单反相机包围曝光设置

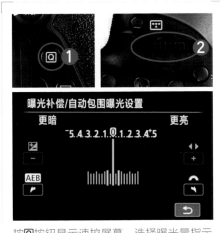

按 Q 按钮显示速控屏幕，选择曝光量指示标尺，点击 🔼 或 🔽 图标或转动主拨盘可设置自动包围曝光的范围

用后期完善前期：用Camera Raw合成出亮部与暗部细节都丰富的HDR照片

本例是使用RAW格式照片合成HDR，因此采用的是 Adobe Camera Raw9.0中新增的"合并到HDR"命令进行合成，它可以充分利用RAW格式照片的宽容度，从而更好地进行合成处理。要注意的是，建议使用Photoshop CC 2015版搭配Adobe Camera Raw9.0以上的版本使用，否则可能会出现无法合成HDR的问题。

详细操作步骤请扫描二维码查看。

↑ 合并HDR

↑ 原始素材图

↓ 处理后的效果图

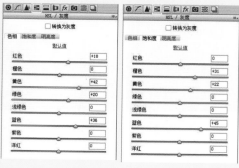

↑ 调整色相　　　　　　　↑ 调整饱和度

3.7 锁定曝光，用同一曝光拍摄多张照片

若想锁定被摄体在某种拍摄环境下的测光数据，就需要使用相机上一个很重要的部件——曝光锁，这样有利于我们在复杂的光线条件下获得准确的曝光。例如，在拍摄剪影画面时，可对准画面较亮的位置测光，锁定曝光后，再重新构图进行拍摄，一般都能使画面获得准确曝光。

使用曝光锁可以避免重新构图时受到新光线的干扰而影响画面效果，常用于逆光风景照的拍摄，也适用于点测光场合。

操作方法 尼康数码单反相机曝光锁定设置

按 AE-L/AF-L 按钮即可锁定曝光和对焦

操作方法 佳能数码单反相机曝光锁定设置

按自动曝光锁按钮即可锁定当前的曝光

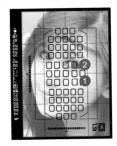

↑ Nikon D7500 的对焦屏

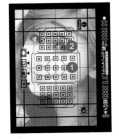

↑ Canon EOS 80D 的对焦屏

↑ 在拍摄此照片时，先是对位置❶人物的面部半按快门进行测光，然后按住✱或 AE-L/AF-L 按钮锁定曝光并释放快门，然后重新对位置❷人物的眼睛进行对焦并拍摄，从而得到曝光正确的画面

3.8 必须掌握的对焦模式

数码单反相机的对焦模式通常分为自动对焦和手动对焦两种。自动对焦由于操作简便、对焦准确，为大多数拍摄者所采用；而手动对焦较难掌握，一般在一些特殊情况下才会使用此功能。

单次对焦是最常用的对焦模式

单次对焦方式适用于建筑及风景等处于静止状态的拍摄对象，半按下快门后就会锁定对象位置，而大多数静止对象的拍摄采用的都是单点自动对焦模式。佳能相机中一般称为"ONE SHOT"，尼康相机中一般称为"AF-S"。

↑ → 适合使用单次伺服自动对焦模式拍摄的题材

操作方法 尼康数码单反相机自动对焦设置

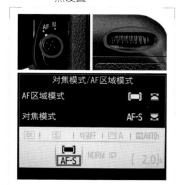

将对焦模式选择器旋转至AF，按住AF按钮不放，然后转动主指令拨盘，可以在三种自动对焦模式间切换

操作方法 佳能数码单反相机自动对焦设置

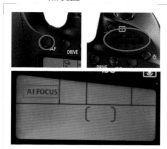

将镜头上的对焦模式开关设置于AF挡，按机身上的AF按钮然后转动主拨盘，可以在三种自动对焦模式间切换

连续对焦用于抓拍运动场景

在拍摄运动中的鸟、昆虫、人等对象时，如果摄影爱好者还使用单次自动对焦模式，便会发现拍摄的大部分画面都不清晰。在拍摄运动的主体时，最适合选择连续自动对焦模式。佳能相机称之为人工智能伺服自动对焦（AI SERVO），尼康相机称之为连续伺服自动对焦（AF-C）。

在此自动对焦模式下，当摄影师半按快门合焦后，保持快门的半按状态，相机会在对焦点中自动切换以保持对运动对象的准确合焦状态。如果在这个过程中被摄对象的位置发生了较大的变化，只要移动相机使任何一个自动对焦点保持覆盖主体，就可以持续进行对焦。

↑ 拍摄玩耍中的小孩时可使用连续伺服自动对焦模式，即使小孩一直在运动，也可以将其清晰地拍摄下来

35mm ┊ f/6.3 ┊ 1/200s ┊ ISO 200

自动切换对焦模式用于动静不定的对象

适用于无法确定拍摄对象是静止或运动状态的情况，此时相机自动根据拍摄对象是否运动来选择是单次对焦还是连续对焦。佳能相机中一般称为"AI FOCUS"，尼康相机中一般称为"AF-A"。

← 拍摄动静不定的昆虫时，采用自动伺服自动对焦模式，可以获得焦点清晰的画面

200mm ┊ f/11 ┊ 1/320s ┊ ISO 100

3.9 用手动对焦拍摄多变与高难度环境

当自动对焦无法满足需要（比如画面主体处于杂乱的环境中，或者画面属于高对比、低反差的画面，或者是在夜晚进行拍摄）时，可以使用手动对焦功能。但根据每个人的拍摄经验不同，成功率也有极大的差别。

在使用时，首先需要在镜头上将对焦方式从默认的AF自动对焦切换至MF手动对焦，然后转动对焦环，直至在取景器中观察到的影像非常清晰为止，然后即可按下快门进行拍摄。这种对焦方式在微距摄影中也是很常用的。

手动对焦适合在多种情况下使用，例如在拍摄蜘蛛网时使用自动对焦很难对焦，而使用手动对焦就可以轻松地合焦并拍摄。

操作方法 尼康数码单反相机手动对焦设置

在机身上将AF按钮扳动至M位置上，即可切换至手动对焦模式

操作方法 佳能数码单反相机手动对焦设置

将镜头上的对焦模式切换器设为MF，即可切换至手动对焦模式

→ 使用手动对焦模式拍摄微距，可以根据摄影师的拍摄意图选择对焦需要的位置，获得主体清晰的画面

105mm ┊ f/14 ┊ 1/80s ┊ ISO100

3.10 利用白平衡或色温改变照片色调

什么是白平衡

白平衡是由相机提供的，确保在拍摄时拍摄对象的色彩不受光源色彩影响的一种设置。简单来说，通过设置白平衡，可以在不同的光照环境下，真实还原景物的颜色，纠正色彩的偏差。无论是在室外的阳光下，还是在室内的白炽灯下，人的固有观念仍会将白色的物体视为白色，将红色的物体视为红色，这是因为人的眼睛能够修正光源变化造成的色偏。

实际上，当光源改变时，这些光的颜色也会发生变化，相机会将这些变化精确地记录在照片中，这样的照片在纠正之前看上去是偏色的，但其实这才是物体在当前环境下的真实色彩。利用相机配备的白平衡功能，可以纠正不同光源下的色偏，就像人眼的功能一样，使偏色的照片得以纠正。

数码单反相机一共提供了三种白平衡设置，即预设白平衡、手调色温及自定义白平衡，下面分别来讲解它们的作用。

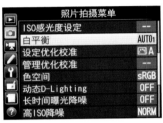

❶ 点击选择**照片拍摄**菜单中的**白平衡**选项

❷ 点击可以选择不同的预设白平衡，然后点击 **OK确定** 图标确定

40mm | f/9 | 1/250s | ISO 100

24mm | f/10 | 1/100s | ISO 100

↑ 在同一地点拍摄，虽然时间相近，但由于使用了不同的白平衡设置，最终得到两张效果完全不同的照片

操作方法 设置白平衡

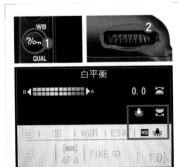

操作方法：按 WB 按钮并同时转动主指令拨盘，即可选择不同的白平衡模式

包括自动白平衡在内，数码单反相机还提供了闪光灯、白炽灯、荧光灯、晴天、阴天及背阴6种预设白平衡，它们分别针对一些常见的典型环境，通过选择这些预设的白平衡可快速获得需要的设置。

↑ 拍摄风光照片时，一般只要将白平衡设置为**晴天白平衡**模式，就能获得较好的色彩还原。因为无论光线怎么变化也是来自太阳光的，晴天模式的白平衡比较强调色彩，使颜色比较饱和

↑ **闪光灯白平衡**主要用于平衡使用闪光灯时的色温，较为接近阴天时的色温

↑ **荧光灯白平衡**模式会营造出偏蓝的冷色调，不同的是，荧光灯白平衡的色温比白炽灯白平衡的色温更接近现有光源，所以色彩相对接近原色彩

↑ **白炽灯白平衡**模式适合拍摄与其对等的色温条件下的场景，而拍摄其他场景会使画面色调偏蓝，严重影响色彩还原

↑ 在相同的现有光源下，**背阴白平衡**可以营造出一种泛黄的暖色调感觉，将这种色调应用在拍摄古建筑时可以制造出一种陈旧沧桑的感觉

↑ 在相同的现有光源下，**阴天白平衡**可以营造出一种浓郁的、红色的暖色调，给人一种温暖的感觉

自定义白平衡

自定义白平衡功能的作用，就是根据在当前场景色温下拍摄的一张白纸照片来设置白平衡，通过应用这种自定义的白平衡，确保在当前光源条件下拍摄的照片中能准确地还原拍摄对象的颜色。

值得注意的是，当曝光不足或曝光过度时，使用自定义白平衡可能无法获得正确的色彩还原。

下面以尼康D7500相机为例，讲解一下自定义白平衡的操作流程。

❶ 切换至手动对焦模式

❶ 在机身上将对焦模式开关切换至M挡（手动对焦）模式，然后将一个中灰色或白色物体放置在用于拍摄最终照片的光线下。

❷ 切换至自定义白平衡模式

❷ 按下WB按钮，然后转动主指令拨盘选择自定义白平衡模式PRE。旋转副指令拨盘直至显示屏中显示所需白平衡预设（d-1～d-6），如此处选择的是d-1。

❸ 按住WB按钮

❸ 短暂释放WB按钮，然后再次按下该按钮直至控制面板和取景器中的PRE图标开始闪烁，此时即表示可以进行自定义白平衡操作了。

❹ 对准白色参照物并使其充满取景器，然后按下快门拍摄一张照片。

❺ 拍摄完成后，取景器中将显示闪烁的Gd，控制面板中则显示闪烁的Good，表示自定义白平衡已经完成，且已经被应用于相机。

提示

当曝光不足或曝光过度时，相机可能无法测量白平衡，此时控制面板与取景器将显示闪烁的"NO Gd"，半按快门按钮可返回步骤❹并再次测量白平衡。在实际拍摄时，可以使用18%灰度卡（市面有售）取代白色物体，这样可以更精确地设置白平衡。

◄ 在室内拍摄时，由于需要使用人工光源，为避免画面偏色使用自定义白平衡模式，得到颜色正常的画面

85mm ┆ f/3.5 ┆ 1/125s ┆ ISO 100

用后期完善前期：利用渐变映射制作金色的落日帆影

在本例中，主要使用"渐变映射"命令，为照片叠加新的色彩，以创建金色夕阳的基本色调，然后再使用"曲线"命令，结合图层蒙版功能，分别对剪影和剪影以外的区域进行色彩及亮度的优化。

详细操作步骤请扫描二维码查看。

↑ 原始素材图

➡ 处理后的效果图

用后期完善前期：调校错误的白平衡效果

本例以常用的"色阶"调整图层中的设置灰场工具，以人物的裙子为准进行初步的校正处理，待确定了基本的色调后，再使用"色彩平衡"调整图层做进一步的细致校正处理。在校正过程中，要特别注意保持人物皮肤白皙、自然的特性。

详细操作步骤请扫描二维码查看。

➡ 处理后的效果图

↓ 原始素材图

第4章

构图理论

4.1 摄影构图的基本原则

简洁

　　摄影是减法的艺术，这是被无数摄影师认可的艺术规律。简单地说，就是使画面简洁以便突出主体，表现画面的主题。简洁并不是指简单，即使是有很多元素的情况下，只要通过恰当、合理的安排，也能够获得画面简洁、主体突出的效果。

　　要获得简洁的画面，可以采取两种简单的方法：第一种在人像摄影中很常用，即采用大光圈虚化背景，从而获得主体突出、画面简洁的照片；第二种在风光摄影中较常用，即通过在画面中留出大量空白区域，使画面看上去简洁而又富有韵味。

↑ 逆光角度的夕阳画面中，剪影的飞机与地面景物不仅很有形式美感，而且画面看起来也很简洁

300mm │ f/10 │ 1/1250s │ ISO 100

均衡

除了个别要表现特殊视觉效果的情况外，绝大多数画面都要求具有均衡感。均衡的画面从视觉上可以给人稳定感。

区别于对称的特点是，均衡并非是左右两边同样大小、形状和数量相同的景物排列，而是利用近重远轻、近大远小、深重浅轻等符合一般视觉习惯的透视规律，让异形、异量的景物在视觉上相互呼应。当然，对称也是均衡的一种表现形式。

要得到具有均衡感的画面，必须要配合使用后面讲述的构图技巧。

➡ 拍摄落日海景时，画面前景中的石块与远处的云彩遥相呼应，在视觉上有种平衡感

| 30mm | f/10 | 1s | ISO 100 |

用后期完善前期：修除多余杂物

本例主要是使用"填充"命令中的"内容识别"选项，对照片进行智能填充并修补处理。摄影师可根据需要，使用任意的选区创建功能，将要修除的目标照片选中，再应用此命令即可。

详细操作步骤请扫描二维码查看。

↑ 原始素材图

➡ 处理后的效果图

4.2 画面构图的基本组成

主体突出主题

在一张照片中，主体不仅承担着吸引观者视线的作用，同时也是表现照片主题含义最重要的部分，而主体以外的元素则应该围绕着主体展开，作为突出主体或表现主题的陪衬。

从内容上来说，主体可以是人，也可以是物，甚至可以是一个抽象的对象，而在构成上，点、线与面也都可以成为画面的主体。

↑ 150mm ┊ f/5 ┊ 1/250s ┊ ISO 200

陪体辅助主体构筑和谐画面

陪体在画面中并非必需的，但恰当地运用陪体可以让画面更为丰富，渲染不同的气氛，对主体起到解释、限定、说明的作用，有利于传达画面的主题。

有些陪体并不需要出现在画面中，通过主体发出的某种"信号"，能让观者感觉到画面以外陪体的存在。

↑ 在拍摄人像时，以鲜花作为陪体，既可以渲染画面，又可以交代画面环境，产生人比花娇的效果

200mm ┊ f/4 ┊ 1/400s ┊ ISO 100

环境烘托主体制造层次感

我们通常所说的环境，就是指照片的拍摄时间、地点等。而从广义角度来说，环境又可以理解成为社会类型、民族及文化传统等，无论是哪种层面的环境因素，主要用于烘托主题，进一步强化主题思想的表现力，并丰富画面的层次。

相对于主体来说，位于其前面的即可理解为前景，而位于其后面的则称为背景，从作用上来说，它们是基本相同的，都用于陪衬主体或表明主体所处的环境。

只不过我们通常都采用背景作为表现环境的载体，而采用前景则相对较少。需要注意的是，无论是前景还是背景，都应该尽量简洁——简洁并非简单，前景或背景的元素可以有很多，但不可杂乱无章，影响主体的表现。

← 画面背景

→ 画面主体

↑ 画面前景

4.3 使用不同的景别拍摄

景别是影响画面构图的另一重要因素。景别是指由于镜头与被摄体之间距离的变化，造成被摄主体在画面中所呈现出的范围大小的区别。由远及近分别为远景、全景、中景、近景、特写，伴随景别的变化，所呈现出的画面效果的侧重也不一样。

□ 特写
□ 近景
□ 中景
□ 全景
□ 远景

↑ 景别示意图

特写

特写可以说是专门为刻画细节或局部特征而使用的一种景别，在内容上能够以小见大，而对于环境则表现得非常少，甚至完全忽略。

需要注意的是，正因为特写景别是针对局部进行拍摄的，有时甚至会达到纤毫毕现的程度，因此对拍摄对象的要求会更为苛刻，以避免细节的不完美，影响画面的效果。

→ 利用长焦镜头表现角楼的细节，突出了其古典的结构特点

200mm ┊ f/14 ┊ 1/200s ┊ ISO 100

用后期完善前期：裁剪出人物的特写照片

通过后期裁剪以改变照片构图的操作又称为二次构图，使用Photoshop中的裁剪工具 可以很轻易地完成多种裁剪处理，但要注意的是，在裁剪过程中必然会损失一定的内容，因此要注意画面取舍的平衡。

详细操作步骤请扫描二维码查看。

→ 处理后的效果图

↓ 原始素材图

近景

采用近景景别拍摄时，环境所占的比例非常小，对主体的细节层次与质感表现较好，画面具有鲜明、强烈的感染力。如果以人体来衡量，近景拍摄主要拍摄人物胸部以上的身体区域。

← 利用近景表现角楼可以很好地突出其局部的结构特点

| 175mm | f/10 | 1/250s | ISO 100 |

中景

中景通常是指选取拍摄主体的大部分，从而对其细节表现得更加清晰，同时，画面中也会有一些环境元素，用以渲染整体气氛。如果以人体来衡量，中景拍摄主要拍摄人物的上半身至膝盖左右的身体区域。

↑ 中景画面中的角楼，可以看出其层层叠叠的建筑结构，很有东方特色

125mm ┊ f/9 ┊ 1/250s ┊ ISO 100

全景

全景是指以拍摄主体作为画面的重点，而主体则全部显示于画面中，适合表现主体的全貌，相比远景更易于表现主体与环境之间的密切关系。例如，在人物肖像摄影中运用全景构图，既能展示出人物的行为动作、面部表情与穿着等，也可以从某种程度上来表现人物的内心活动。

↑ 利用全景很好地表现了角楼整体的结构特点

85mm ┊ f/7.1 ┊ 1/250s ┊ ISO 100

远景

远景拍摄通常是指在拍摄的主体以外，还包括更多的环境因素。远景在渲染气氛、抒发情感、表现意境等方面具有独特的效果，具有广阔的视野，在气势、规模、场景等方面的表现力更强。

↑ 利用广角镜头表现了角楼和周围的环境，画面看起来很有气势

24mm ┊ f/7.1 ┊ 1/200s ┊ ISO 100

4.4 根据画面选择不同画幅

横画幅

　　横画幅即横幅构图，它是风光摄影中经常用到的画幅形式，因为风光中的山川河流一般都是平行的横线条。另外，横幅构图还具有平衡、宽广的特性，风光照片场景都适合用平衡、宽广的画面来表现。

↑ 横幅构图具有平衡、宽广的特性，采用平行的横线条更能表现大海的波涛汹涌与辽阔

19mm ┊ f/8 ┊ 1s ┊ ISO 100

竖画幅

　　竖画幅即竖幅构图，给人以向上延伸的感觉。就画框而言，横竖边所成的角具有方向性的冲击力，给人以强烈的上升刺激，从而增强了竖画面向上延伸的表现力和空间感，给观者以高耸、挺拔的感受。

← 运用竖幅构图，配合仰视的拍摄角度，可以将大厦表现得更加高大挺拔，给人以积极向上的视觉感受

11mm ┊ f/4 ┊ 1/200s ┊ ISO 200

用后期完善前期：使用裁剪工具裁出正方形画幅

正方形的高与宽相等，所以无论影像如何，边框在视觉上就已经是非常稳定的状态，而且相对于常见的4：3或16：9等比例的照片来说，1：1比例的画面本身在视觉上就更突出一些。本例就来讲解正方形构图的裁剪方法及其技巧。

在使用裁剪工具 进行裁剪时，应按住Shift键，以绘制正方形的裁剪范围，在调整裁剪范围大小时，也要时刻注意要按住Shift键。另外，在裁剪过程中，还可以配合三分网格进行辅助构图，以更好地确立画面的构图。详细操作步骤请扫描二维码查看。

➡ 处理后的效果图

⬇ 原始素材图

用后期完善前期：通过裁剪工具纠正倾斜照片

要让倾斜的照片重获水平，首先要在照片中找到可用于作为参照的对象，如地平线、海平面等。要注意的是，校正倾斜后，往往会不同程度地缩小原照片的范围，此时应注意避免出现主体被裁掉的问题。

详细操作步骤请扫描二维码查看。

⬆ 原始素材图

➡ 处理后的效果图

4.5　留白

留白指的是画面中实体对象之外的空白部分。留白一般由单一色调的背景组成，在画面中形成空隙。留白的部分可以是天空、草原等。留白部分在画面已不显示原来的实体对象，仅仅是在画面上形成单一的色调来衬托其他的实体对象。

空白的留取与运动的关系

画面若存在运动的物体，例如正在行走的人、飞驰而过的车辆等，一般的规律都是在运动方向的前方留有空白，表现运动的物体继续伸展的空间，比较符合人们的欣赏习惯。

不过，现在也有很多摄影师并不遵循这一规律，空白的留取也会安排在主体运动的反方向，在主体运动的前方反而不会留有太多的空白，甚至不留空白，这样的照片会给人一种反常规的心理。

35mm｜f/18｜1/250s｜ISO 100

← 在恋人的上空留白，画面给人一种遥望未来的心理暗示，将这对恋人幸福满满的感觉表达得很好

留白要合乎画面所占比例

空白的留取要符合主体意境，整个画面中空白的面积比例要与主题的表现一致。同时，还要注意空白的面积要尽量避免出现相等和对称等情况。如果一幅画面中空白的面积超过实体所占的面积，画面就会显得空灵、通畅。

↑ 利用大面积的天空来衬托繁华的夜景，不仅美化了画面，也使夜的宁静和都市的繁忙形成一种对比

20mm ┊ f/9 ┊ 16s ┊ ISO 100

→ 利用夕阳绚丽的背景来衬托甜蜜的恋人，画美情更美

180mm ┊ f/7.1 ┊ 1/1000s ┊ ISO 100

4.6 掌握经典的构图形式

给人视觉美感的三分法构图

三分法是黄金分割的比例简化。在风光摄影构图实践中，利用自然界中不同元素的视觉边界或画面中隐藏的线条，将画面三等分，可以使画面避免对称平分的呆板，使画面的线条更加突显，营造出开放和不规则的视觉表达效果。

在人像摄影中应用时，可以将人物置于画面的三分线位置，这样可以让画面具有较好的灵活性，不容易产生置于中间或其他位置时产生的呆板或不协调问题。

➜ 摄影师将地平线与云层画面三等分，从而构成了三分法构图，给照片带来了愉悦的视觉感和和谐感

24mm ┊ f/6.3 ┊ 1/2000s ┊ ISO 100

➜ 使用三分构图法拍摄人物的特写或者近景时，一般会将人物的眼睛部分安排在三分线的交叉点上

50mm ┊ f/4 ┊ 1/500s ┊ ISO 100

表现宽广的水平线构图

　　由于拍摄习惯，人们倾向于横向构图，而横画幅构图中又以水平线构图最能增加画面的视觉张力。因为水平线构图在左右方向能产生视觉延伸感，给人以宽阔、安宁、稳定的视觉感受。在拍摄时可根据实际拍摄对象的具体情况来安排、处理画面的水平线位置。在拍摄海洋、草原时常用此构图形式。

→ 表现大海时，利用横画幅和水平线构图可以很好地表现出其广阔感

24mm ┆ f/18 ┆ 18s ┆ ISO 100

→ 用低水平线表现天空绚丽的晚霞，漫天的晚霞让画面非常壮观

24mm ┆ f/4 ┆ 1/320s ┆ ISO 100

突出形态的垂直线构图

　　垂直线构图也是基本的构图方法之一，可以利用树木和瀑布等呈现的自然线条进行垂直线构图。在想要表现画面的延伸感时使用此构图是非常有利的，同时要稍做改变，让连续垂直的线条在长度上有所不同，这样就会使画面增添更多的节奏感。

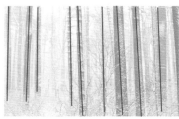

◤ 以垂直线构图表现树木的高大挺拔，将其生机勃勃的感觉表现得很好

| 50mm | f/9 | 1/50s | ISO 100 |

表现稳定的三角形构图

　　在几何学中三角形是最稳定的结构，运用到摄影构图中同样如此。三角形构图是指画面上的拍摄对象所呈现的形态类似于三角形，或者几个拍摄对象的关系正好组成一个三角形。有些画面不只存在一个三角形，而是存在两个或三个等，利用好正三角形和倒三角形的组合，可以得到既稳定又丰富的画面。

◤ 悉尼歌剧院是三角形造型，给人以稳定的视觉感受

| 57mm | f/11 | 13s | ISO 100 |

表现动感的斜线构图

斜线构图能使画面产生动感，并沿着斜线的两端产生视觉延伸，加强了画面的纵深感。另外，斜线构图打破了与画面边框平行的均衡形式，与其产生势差，从而使斜线部分在画面中被突出和强调。

在拍摄时，摄影师可以根据实际情况，刻意将在视觉上需要被延伸或者被强调的拍摄对象处理成为画面中的斜线元素加以呈现。

➡ 斜线构图拍摄人像，可以使画面更具延伸感，突出人物优美的身体曲线

45mm ┆ f/5.6 ┆ 1/500s ┆ ISO 100

用后期完善前期：通过裁剪工具裁剪出斜线构图

在人像摄影中，合理运用斜线构图，可以起到让画面更有动感、使人物变得更修长的作用。本例就来讲解其裁剪方法及其常见问题的修复方法。

详细操作步骤请扫描二维码查看。

➡ 处理后的效果图

⬇ 原始素材图

展现优美的曲线构图

　　S形曲线构图，即通过调整镜头的焦距、角度，使所拍摄的景物在画面中呈现S形曲线的构图手法。由于画面中存在S形曲线，因此其弯转、曲伸所形成的线条变化能够使观众感到趣味无穷，这也正是S形构图照片的美感所在。

　　如果拍摄的题材是女性人像，可以利用合适的摆姿使画面呈现漂亮的S形曲线。

　　在拍摄河流、道路时，也常用这种S形曲线构图手法来表现河流与道路蜿蜒向前的感觉。

◀ 表现公路时特意截取其弯曲的部分，得到的画面有种曲线美

22mm ┆ f/8s ┆ 1/250s ┆ ISO 200

◀ 拍摄人像摄影时，采用曲线构图能够体现出模特完美的身体线条

80mm ┆ f/2.8 ┆ 1/400s ┆ ISO 100

突出主体的框架式构图

框架式构图可以充分利用前景物体作为框架，框架可以是任何形状。这种构图不仅能使画面的景物层次变得丰富，加强画面的空间感，并且还能装饰性地美化画面，增强画面的形式感。

在具体拍摄时，可以考虑用窗、门、树枝、阴影、手等作为被摄体的"框架"。

→ 利用桥洞形成框架进行构图，使被框起来的景物层次更加丰富，空间感更强，同时也使画面更加美观、丰富

22mm ┊ f/9 ┊ 1/60s ┊ ISO 400

具有凝聚力的中央构图

中央构图是一种具有集中力，能提高拍摄对象存在感的构图方法。将被摄主体置于画面的正中间，依靠光影、色彩等手法加以渲染，可以得到具有视觉冲击力、又很有意思的照片。

→ 摄影师将花朵充满整个画面，利用花蕊紧实与花瓣分散的对比，突出了最中间的黄色花蕊，将画面的表达力和视觉冲击力很好地展现出来

98mm ┊ f/5.6 ┊ 1/160s ┊ ISO 200

非凡视觉效果的对称式构图

对称式构图是指画面中的两部分景物以某一根线为轴，在大小、形状、距离和排列等方面相互平衡、对等的一种构图形式。

现实生活中的许多事物具有对称的结构，如人体、宫殿、寺庙、鸟类和蝴蝶的翅膀等，因此摄影中的对称式构图实际上是对生活中美的再现。

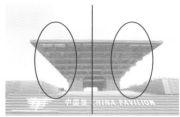

◂ 利用中国馆建筑本身的对称性，从正面拍摄，画面有非常稳定的效果

18mm ┊ f/5.6 ┊ 1/200s ┊ ISO 100

使用对称式构图拍摄的照片常给人一种协调、平静和秩序感，经常用于拍摄那些本身对称的建筑，并且采用正面的拍摄角度，例如拍摄寺庙或其他古代建筑，以展现其庄严、雄伟的内部对称式结构。除了利用被拍摄对象自身具有的对称结构进行构图外，也可以利用水面的倒影进行对称式构图，比如拍摄湖面或其他的水面。

◂ 利用镜面对称的形式表现了湖水的宁静感

30mm ┊ f/8 ┊ 1/250s ┊ ISO 100

制造空间感的牵引线构图

透视牵引构图能将观者的视线和注意力有效地牵引、聚集在整个画面中的某个点或线上，形成一个视觉中心。它不仅对视线具有引导作用，还可以大大加强画面的视觉延伸性，增加画面空间感。

画面中相交的透视线条所成的角度越大，画面的视觉空间效果则越显著。因此在拍摄时，摄影师所选择的镜头、拍摄角度等都会对画面的透视效果产生相应的影响，例如，镜头视角越广，越可以将前景尽可能多地纳入画面，从而加大画面最近处与最远处的差异对比，获得更大的画面空间深度。

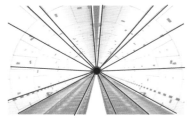

➡ 使用广角镜头拍摄地铁隧道，画面呈现出近大远小的效果，铁轨的线条和墙壁上的线条形成透视牵引线，有引导观者视线的作用

18mm ┊ f/16 ┊ 2s ┊ ISO 100

随心而定的散点式构图

散点式构图就是以分散的点状形象构成画面，就像一些珍珠散落在银盘里，使整个画面中的景物既有聚又有散，既存在不同的形态，又统一在照片中的背景中。

散点式构图最常见的拍摄题材是用俯视的角度表现地面的牛羊马群，或草地上星罗棋布的花朵。

➡ 摄影师使用了散点式的构图方法拍摄花卉，画面节奏感和韵律感强烈

50mm ┊ f/4.5 ┊ 1/500s ┊ ISO 400

满画面构图

　　这种构图方法是指让人物充满画面，除此之外没有或很少有其他的画面元素，因而能够极为清晰地突出主体——为了让人物主体能够占据主要画面，通常是选择腰部以上的近景进行拍摄。

◀ 竖画幅是拍摄满画面人像时最常用的构图方式，这样更容易突出表现人像主体

50mm ┊ f/1.8 ┊ 1/400s ┊ ISO 200

◀ 通过巧妙构图，记录下了人物的部分肢体动作

160mm ┊ f/5.6 ┊ 1/80s ┊ ISO 200

第 5 章

光影运用

5.1　光线的性质

强而有力的直射光

当光线没有经过任何遮挡直接照射到被摄体上时，被摄体受光的一面会产生明亮的影调，而背光的一面就会产生明显的阴影，这种光线就是直射光。

直射光照射下的对象会产生明显的亮面、暗面与投影，所以会表现出强烈的明暗对比，有利于突出拍摄对象清晰的轮廓形态，是表现拍摄对象立体感的有效光线。在直射光下进行拍摄，通常会采用反光板为暗部补光，这样拍出来的照片的画面效果会更加自然。

而当直射光从侧面照射被摄对象时，则有利于表现被摄体的结构和质感，因此也是建筑摄影、风光摄影的常用光线之一。

← 在直射光照射下，建筑物的受光区域与阴影区域形成强烈的对比，突出了建筑物具有特色的造型结构

20mm ┊ f/9 ┊ 1/500s ┊ ISO 100

柔而优美的散射光

散射光是指没有明确照射方向的光，例如阴天、雾天时的天空光，或者添加柔光罩的灯光，水面、墙面、地面反射的光线也是典型的散射光。散射光的特点是照射均匀，被摄体明暗反差小，影调平淡柔和，能较为理想地呈现出细腻且丰富的质感和层次。与此同时，也会带来被摄对象体积感不足的负面影响。

根据散射光的特点，在人像拍摄中常用它来表现女性柔和、温婉的气质和娇嫩的皮肤质感。

→ 由于散射光下不会产生厚重的阴影，因此很适合表现女孩子，明亮、柔和的画面和女孩清新、文雅的气质很相符

| 135mm ┊ f/3.2 ┊ 1/400s ┊ ISO 100 |

用后期完善前期：通过高反差处理增加景物的锐度与立体感

本例主要是结合"高反差保留"命令、图层混合模式及不透明度进行处理。其中"高反差保留"命令是本例的核心，它可以将照片边缘反差较大的区域保留下来，而反差较小的区域则被处理为灰色，这样就可以结合要锐化的强度，选择"强光""叠加"或"柔光"混合模式，将灰色过滤掉，而只保留边缘的细节，从而实现提高锐度及立体感的处理。

详细操作步骤请扫描二维码查看。

↑ 原始素材图

→ 处理后的效果图

5.2　5种常见光线的方向

拥有照明之美的顺光

当光线的投射方向与拍摄方向一致时，此时的光即为顺光。在顺光下的景物受光均匀，没有明显的阴影或者投影，画面通透，颜色亮丽。

需要指出的是，在顺光照射下，由于景物受光均匀，会导致拍摄对象缺乏立体感和空间感。为了弥补顺光立体感、空间感不足的缺点，拍摄时要尽可能地通过构图，使画面中有明暗搭配，例如以深暗的主体景物搭配明亮的背景、前景，或者反之。也可以运用不同景深对画面进行虚实处理，使主体景物在画面中更突出。

↑ 顺光示意图

↑ 色彩鲜亮、通透干净的画面是顺光拍照的优势，可以使照片看上去赏心悦目

50mm ┊ f/11 ┊ 1/400s ┊ ISO 100

拥有塑形之美的侧光

当光线的投射方向与相机的拍摄方向呈90°角时，这种光线即为侧光。侧光下的物体阴影较重，明暗对比强烈，使画面有一种很强的立体感与造型感。

↑ 侧光示意图

↑ 强烈的光影对比让山峰显得更加冷峻、雄伟，前景中刚刚发芽的小树给画面增添了一份生机

10mm ┆ f/8 ┆ 1/450s ┆ ISO 100

拥有轮廓之美的逆光

当拍摄方向与光源的方向相对时，也就是说，用相机对着光源的方向拍摄，此时的光线即为逆光。逆光多用于拍摄剪影，可以使主体的轮廓更加鲜明。

→ 夕阳下，曼妙的剪影让人浮想联翩

200mm ┆ f/4.5 ┆ 1/1000s ┆ ISO 100

↑ 逆光示意图

用后期完善前期：校正逆光拍摄导致的人物曝光不足

　　在本例中，主要是使用"色阶"调整图层对照片的中间调区域进行初步的提亮，然后再结合"亮度/对比度""曲线""色彩平衡""自然饱和度"等功能对画面的对比度与色彩进行美化即可。要注意的是，在提高人像照片整体的饱和度时，应对皮肤进行适当的恢复处理，使其饱和度不要过高，从而显得白皙。

　　详细操作步骤请扫描二维码查看。

→ 原始素材图（左）

→ 处理后的效果图（右）

拥有立体之美的侧逆光

　　从被摄体的后侧面射来的光线，既有侧光效果，又有逆光特点，这种光线就是侧逆光。侧逆光的光照情况正好与前侧光的光照情况相反，被摄体的受光面积小于背光面积，阴影暗部较大，光亮较小，所以既弥补了前侧光的不足，又填补了逆光的缺陷，从而有极强的表现力，是风光摄影师最理想的光线。

↑ 黄昏时分的光线给画面渲染上了一层金色，模特的头发和身体轮廓被染上了金边，画面艺术感强烈

↑ 侧逆光示意图

拥有自然之美的顶光

顶光是光源从景物的顶上垂直照射下来的光线，有人把这种光称为"高光"。顶光一般是在正午时，太阳当头直射而下，此时的阴影在下面，影子很小。这种光线有利于表现景物的上下层次，如风光画面中的高塔、亭台、茂密树林等。

↑ 顶光拍摄的主体的阴影在下面，影子很小，画面明暗层次分明，画面色彩亮丽

18mm ┊ f/5.6 ┊ 1/500s ┊ ISO 100

↑ 顶光示意图

→ 当顶光太强烈时，为了避免在人物的面部形成光斑，戴上帽子来遮阳也是个不错的选择

54mm ┊ f/2.8 ┊ 1/1600s ┊ ISO 100

5.3　光线与影调

　　影调是指拍摄对象表面不同亮度光影的阶调层次，画面由于有了影调便不只是平面的，还充满了立体感和质感。光线是形成影调的决定性因素，强弱程度不同的光线会形成不同的画面影调。依据影调的类型，几乎所有照片都可以被分为以下3类。

高调

　　高调照片的基本影调为白色和浅灰，其面积约占画面的80%甚至90%以上，给人以明朗、纯净、清秀之感。在风光摄影中适合于表现宁静的雾景、雪景、云景、水景，在人像摄影中常用于表现女性与儿童，以充分传达洁净的氛围，表达柔和的特征。

　　在拍摄高调的画面时，除了要选择浅色调的物体外，还要注意运用散射光、顺光，因此多云、阴天、雾天或雪天是比较好的拍摄天气。

　　如果在影棚内拍摄，应该用有柔光材料的照明灯，从而得到较小的光比，减少物体的阴影，形成高调画面。

　　为了避免高调画面产生苍白无力的感觉，要在画面中保留少量有力度的深色、黑色或艳色，例如少量的阴影，或者是人像摄影中人物的眉毛、眼睛以及头发的部位。

↑ 高调色阶在灰度图谱中的位置和分布

↑ 画面以皑皑白雪和缥缈的雾气为主，作为背景的淡蓝色天空是画面的主色调，由于拍摄时增加了曝光补偿，整个画面被提亮了，白雪被表现得更加洁白

18mm｜f/7.1｜1/800s｜ISO 100

↑ 高调在画面中的分布示意图

中间调

中间调画面是指明暗反差正常，影调层次丰富，画面中包含由白到黑、由明到暗的各种层次影调的画面。不同于高调和低调画面，正常影调的画面有利于表现色彩、质感、立体感以及空间感，在日常摄影中的运用比例最大、最普遍，效果也最真实、自然。

中间调的画面往往随着拍摄对象形象、光线、动势、色彩的构成不同而呈现出不同的情感。另外，拍摄中间调的画面一定要曝光准确，以尽量包含较多的影调层次。

↑ 反差较小的中间调色阶在灰度图谱中的位置和分布

↑ 户外柔和的光线下花卉受光均匀，处于中间调的画面看上去十分柔美，传达出一种祥和、优美的气息

| 85mm | f/2.5 | 1/320s | 200 |

↑ 反差较小的中间调在画面中的分布示意图

↑ 反差较大的中间调色阶在灰度图谱中的位置和分布

↑ 在阳光充足的直射光下，黄色的花卉看起来非常明亮，与没有光线照射的阴影部分形成强烈的明暗反差

| 90mm | f/3.5 | 1/2000s | ISO 200 |

↑ 反差较大的中间调在画面中的分布示意图

低调

　　低调照片的基本影调为黑色和深灰，其面积约占画面的70%以上，画面整体给人以凝重、庄严、含蓄、神秘的感觉。风光摄影中的低调照片多拍摄于日出和日落时，人像摄影中的低调照片多用于表现老人和男性，以强调神秘的气氛或成熟的气息。

　　在拍摄低调照片时，除了要求选择深暗色的拍摄对象，避免大面积的白色或浅色对象出现在画面中外，还要求用大光比光线，如逆光和侧逆光。在这样的光线照射下，可以将拍摄对象隐没在黑暗中，同时勾勒出拍摄对象的优美轮廓，形成低调画面。

　　在拍摄低调照片时，要注重运用局部高光，如夜景中的点点灯光和人像摄影中的眼神光等，以少量的白色或浅色、亮色，使画面在总体深暗色氛围下呈现出生机，以免低调使画面灰暗无神。

↑ 低调色阶在灰度图谱中的位置和分布

↑ 拍摄背光的山涧时，通过对穿透林间的局域光进行测光，得到明暗对比强烈的画面，给人一种幽深、神秘的感觉

135mm ┊ f/13 ┊ 2s ┊ ISO 100

↑ 低调在画面中的分布示意图

用后期完善前期：制作出牛奶般纯净自然的高调照片

　　在本例中，主要是使用"黑白"调整结合不透明度的设置，大幅降低照片的饱和度，然后使用多个调整图层和图层蒙版功能，对照片进行提高亮度、对比度及立体感等方面的处理，最后，再为照片中典型的色彩，如人物的皮肤、嘴唇及头发等，进行适当的恢复与润饰处理。

　　详细操作步骤请扫描二维码查看。

↑ 原始素材图

→ 处理后的效果图

用后期完善前期：制作层次丰富细腻的黑白照片

　　在本例中，主要是使用"黑白"调整图层初步将照片整体处理为黑白色，然后使用"阴影/高光"命令对暗部细节进行优化显示，最后，也是最重要的步骤，本例利用中性灰图层，结合加深工具 🔍 与减淡工具 🔍 ，细致地对照片中的细节明暗进行优化处理，以制作得到层次丰富且细腻的黑白照片。

　　详细操作步骤请扫描二维码查看。

↑ 原始素材图

→ 处理后的效果图

5.4　光线与质感

光线方向与质感

　　光线的照射方向不仅影响画面的立体感，还对物体的质感有根本性的影响。不同照射角度的光线，如顺光、侧光或逆光，在表现拍摄对象的质感时会带来完全不同的效果。

　　侧光是最容易强化拍摄对象质感的一种光线，可使原本比较粗糙的物体显得更为起伏不平，同时使一些看上去可能比较平滑的物体也产生一定的粗糙感。因此，如果要强化物体的粗糙质感，可选择侧光的拍摄角度；反之，则需要以正面或逆光的光线使物体的粗糙感尽可能被弱化。

↑ 侧面照过来的光线在雪上留下了厚厚的阴影，强烈的光影对比将雪山粗糙的质感表现得很突出，画面明暗反差强烈

90mm ┊ f/9 ┊ 1/40s ┊ ISO 100

光线性质与质感

光线的性质对质感的影响重大。强硬的直射光通过方向性明显的光照可以增强粗糙的质感，柔和的漫射光可以创造出比较平滑的质感。试着将同一个物体放置在这样两种不同质感的光照下，就可以明显地看到其中的区别。如想强化一个拍摄对象的质感，最好选择侧面方向的直射光；而要弱化一个拍摄对象的质感，则应该采用正面或逆光角度的散射光。两者灵活运用，可以尽情地展现画面中被摄体的质感。

↑ 在柔和的光线下拍摄出来的画面不会有明显的明暗反差，因此可将女孩的皮肤表现得非常细腻

200mm ┆ f/3.5 ┆ 1/200s ┆ ISO 100

用后期完善前期：智能选择人物皮肤并进行美白处理

使用"色彩范围"命令中的"检测人脸"功能，可以帮助我们很好地选择照片中的人物皮肤，尤其是面部附近的皮肤。我们可以充分利用这个特点，将人物的皮肤选中，然后使用调整命令对皮肤进行美白处理。

详细操作步骤请扫描二维码查看。

→ 处理后的效果图

↓ 原始素材图

第6章

色彩运用

6.1 认识色彩三要素

色相

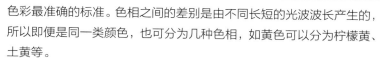

色相即各类色彩的相貌，即通常所说的各种颜色，如普蓝、柠檬黄、大红等。

色相是色彩的首要特征，是区别各种不同色彩最准确的标准。色相之间的差别是由不同长短的光波波长产生的，所以即便是同一类颜色，也可分为几种色相，如黄色可以分为柠檬黄、土黄等。

饱和度

色彩按其饱和度可分为纯度相对较高的高饱和度色彩和纯度相对较低的低饱和度色彩。纯度的高低主要取决于其色彩中所包含灰色成分的多少，含灰色越多，其色彩饱和度则越低。

饱和度的高低会使观者产生不同的视觉和心理感受。如果要表达热烈、明媚、愉悦等心理感受，应该在画面中突出高饱和度的色彩；反之，应该运用低饱和度色彩的主体，强调压抑、沉闷的感觉。

 拍摄夕阳景象时可减少曝光补偿来增加画面的色彩饱和度，这样可使夕阳温馨的气氛看起来更加浓郁

18mm｜f/9｜1/320s｜ISO 200

明度

对于色彩的明度，我们可以从色彩本身的明暗和它与其他色彩的对比，来确定它的相对明度。下面将分别从这两个方面来讲解色彩的明度。

以亮度区分色彩的明度

由于受光照的强度不同，相同的色彩也会表现出不同的明度，如深蓝与浅蓝、深绿与浅绿等，它们适用的范围、可表达的情感也各不相同。

← 画面整体偏蓝，如果仔细分析，天空的蓝、水面倒映的蓝和雪山的蓝并不相同，通过不同明度的蓝构成的画面层次丰富且协调

| 80mm | f/20 | 1/500s | ISO 100 |

以色相区分色彩的明度

不同色相的色彩也存在着明度的差异，例如最基本的红、橙、黄、绿、青、蓝、紫这7种色相，黄色明度最高，橙色和绿色次之，紫色和蓝色的明度最低，显得最暗。

← 画面中的蓝天、花卉和绿叶虽然色相不同，但明度都较高，因此构成的画面也很清新、明亮

| 200mm | f/3.2 | 1/250s | ISO 100 |

用后期完善前期：将黄绿色树叶调整成为金黄色

在本例中，主要是使用"亮度/对比度"命令调整照片的整体曝光与对比，然后结合"自然饱和度"和"可选颜色"命令，润饰照片整体和各部分的色彩。在选片时，可选择带有较大面积黄色叶子的树林，若能有天空或雪山等元素作为对比则更佳。

详细操作步骤请扫描二维码查看。

↑ 原始素材图

➡ 处理后的效果图

用后期完善前期：润饰色彩平淡的照片

在本例中，将主要使用"色阶"和"自然饱和度"调整图层，通过调整照片曝光和饱和度处理，润饰其原本灰暗的色彩。由于照片中存在人物，因此还需要结合图层蒙版功能对皮肤的调整进行适当的弱化处理，以免皮肤颜色显得怪异。

详细操作步骤请扫描二维码查看。

↑ 原始素材图

➡ 处理后的效果图

用后期完善前期：结合渐变滤镜与HSL调色功能美化梯田水面色彩

在本例中，首先是使用Camera Raw中的相机校准预设，确定照片调整的基调，然后结合"基本"选项卡中的参数，优化照片的曝光与色彩，并使用渐变滤镜工具 强化照片中的冷暖色彩对比，最后，还使用了"HSL/灰度"选项卡中的参数，对冷暖色彩进行强化处理，使二者的对比更加强烈，让照片的视觉效果更为突出。

详细操作步骤请扫描二维码查看。

↑ 原始素材图

← 处理后的效果图

用后期完善前期：将昏暗的雨天照片调出色彩氛围

本例主要是利用Camera Raw软件的"基本"选项卡中的参数，对照片的曝光及色彩进行润饰。由于原照片非常灰暗，层次模糊，因此本例首先对其对比度进行调整，然后再通过色温和色调的调整，使画面获得恰当的色彩，最后再为照片增加暗角，以突显照片的意境。

详细操作步骤请扫描二维码查看。

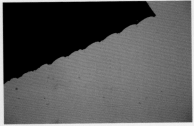

↑ 原始素材图

← 处理后的效果图

6.2 感知色彩的温度

冷调

在色环中，蓝、绿一侧的颜色称为冷色，它使人们联想到蓝天、海洋、月夜和冰雪等，给人一种阴凉、宁静、深远的感觉。即使在炎热的夏天，人们处于冷色环境中也会感觉到舒适。

➜ 利用蓝色调表现雪原，画面给人清爽、冰冷的感受

120mm ┊ f/16 ┊ 1/500s ┊ ISO 200

暖调

在色环中，红、橙一侧的颜色称为暖色，可以带给人温馨、和谐、温暖的感受。这是由于暖色会使人联想到太阳、火焰和热血等，因此给人们一种温暖、热烈、活跃的感觉。

➜ 夕阳时分逆光拍摄，画面具有浓郁的暖调效果，给人温暖、柔美的感觉

200mm ┊ f/6.3 ┊ 1/800s ┊ ISO 100

用后期完善前期：温馨雅致的暖黄色调

在本例中，主要是使用"色相/饱和度"命令改变照片的基本色调，然后使用"可选颜色"命令对照片的色彩进行进一步的润饰与调整，从而获得漂亮的暖黄色调效果。

详细操作步骤请扫描二维码查看。

➡ 原始素材图（左）

➡ 处理后的效果图（右）

6.3　色彩的邻里关系

互补色

当不同的色彩互相配置在一起时，有些色彩之间具有强烈的对比效果，如红和青、黄和蓝，它们之间的对比效果是非常鲜明的，能给人们的眼睛一种强烈的色彩跳动感。这是因为我们的视觉在观看这两种波长明显不同的色光时，要迅速从这一种波长调整到另一种波长，由此给人们带来一种色彩间的跳跃感和强烈的对比感。互补的色彩恰恰具有这种特点，它们之间的对比效果也最强烈。

➡ 粉红色的荷花在绿色背景的衬托下，显得非常突出

200mm ┊ f/4 ┊ 1/800s ┊ ISO 200

相邻色

　　相邻色是指在色环中相邻的两种颜色。相邻色的使用在摄影创作中较常见，它能使画面达到统一协调、柔和自然的视觉效果，但相邻色缺少较强的色相对比，易使画面显得过于平淡、乏味。

　　可以看出，相邻色构成的画面大多较协调、统一，而很难给观者带来强烈的视觉冲击，这时则可依靠景物独特的形态或精彩的光线为画面增添视觉冲击力。但是在大部分情况下，对运用相邻色构成的画面进行拍摄，往往可以获得较理想的画面效果。

➜ 由淡淡的黄色与橘色构成的画面看起来很温馨、协调

90mm ┆ f/5.6 ┆ 1/s ┆ ISO 100

6.4 这样用色更出彩

保持简单

在摄影中，色彩的运用应该掌握其方法，不可以乱用颜色。这里说到的选色要简单，是指一幅画面中用色不要太多，用一两种就可以了，只要色彩构成有特点，就容易获得不错的画面效果。但是简单并不意味着用色绝对不能多。只要做到色彩搭配合理，多用几种颜色也是可以的，关键就是色彩不能乱。

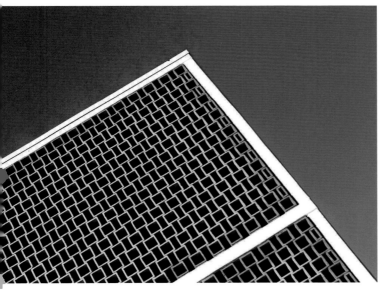

◄ 以长焦镜头拍摄建筑的局部，以蓝天为背景，突显建筑的造型

| 200mm | f/4 | 1/1000s | ISO 100 |

◄ 利用大光圈将背景虚化，干净的色彩和简洁的背景更容易突出花朵

| 185mm | f/3.2 | 1/80s | ISO 200 |

大胆碰撞色

色彩在明度上、饱和度上甚至是色相上都会在人的视觉上产生不同的变化，它们之间有互相联系、互相衬托、互相对比的关系。例如大面积颜色和小面积颜色之间的色彩对比、明度的对比等。

冷色和暖色之间的对比效果也很明显。互相对比的色彩，当它们的饱和度最高时，对比效果才最明显。

颜色对比除了冷暖对比和互补色对比以外，还可以利用明度进行对比。一般情况下，想让色彩艳丽夺目，就需要有针对性地选择色彩明度或者饱和度有明显对比的场景来进行拍摄，从而起到突出色彩的目的，这些都是色彩相配的表现形式。因为在两种色彩搭配时，色彩的亮度对比越强，饱和度越高，则越引人注目。

→ 黄色的柠檬片与蓝色的背景构成的画面中，对比的颜色相互碰撞，使画面产生一种强烈的视觉冲击力

200mm ┊ f/11 ┊ 1/250s ┊ ISO 100

和谐统一

一幅好的作品，画面中应该有一个统一的基本颜色，即基本影调，而其他颜色占据的面积不应大于这个基础颜色。

在摄影中，画面的基调在被拍摄对象中，实际上能够明确体现，例如以海为背景的照片基调是蓝色，以沙漠为主题的照片基调是金黄色，以森林为主题的照片基调是绿色等。

认识到基调存在的意义以后，摄影师应该根据需要采用构图和用光手段，为自己的照片塑造基调。此外，还可以在拍摄时运用不同色别的滤光镜，为画面重新确定新的色彩基调。

需要注意的是，有时照片基调的色彩虽然在画面中的面积较大，但只是背景和环境的色彩，而主体景物的色彩有可能在画面中面积较少，却是照片的视觉重心，是照片的兴趣点。

← 未受到光照的积雪呈高色温的冷色调，给人以清爽、舒适的感觉，太阳即将升起之处将小面积的雪地渲染成了低色温的暖色调，使画面统一中有变化，既有冷暖色调对比，又不失和谐之感

| 18mm | f/8 | 1/400s | ISO 400 |

← 蓝天与绿草构成的画面看起来十分干净、通透

| 20mm | f/16 | 1/500s | ISO 100 |

6.5 影响色彩的因素

　　很多初学摄影的朋友们都会发现，人眼所见到的色彩与相机拍摄出来的色彩可能会有很大的差距，这是因为数码单反相机会因为一些其他因素的影响，导致画面色彩与人眼看到的不太一样。下面就简单讲解一下这几个因素对画面色彩的影响。

光源

　　细心的会发现，一天中各个时段的光线产生的色彩感觉都各不相同，例如早上太阳刚刚升起，被照射到的地方呈暖色调，一般偏红、黄色，而未照射到的地方呈冷色调，一般偏蓝色；而中午拍摄时，光线比较强烈，拍摄到的景物反光也比较强烈，因此会微微泛蓝色，这些是由光源色温造成的。除光源色温外，光线的强度也会影响画面色彩，例如色彩饱和度不同，给观者的视觉感受也就不同。

▶ 低角度拍摄日落，此时的光线呈金黄色，整体环境也被太阳渲染成了暖色调

40mm ┊ f/18 ┊ 1/50s ┊ ISO 100

环境

　　环境色主要反映在被摄体的阴影面。被摄体处在一定的环境之中，周围环境的颜色有时也会影响到被摄体色彩的变化，尤其是当周围环境比较明亮而且离被摄体比较近的时候，对被摄体的色彩影响就更大一些。

　　例如在绿色草坪上拍摄人像时，模特靠近草坪的皮肤上会多少出现绿色，而在雪地拍摄人像时，如果曝光正常，主体皮肤也会显得很白。

▶ 在绿色的环境中拍摄时，人物皮肤多少都会受环境的影响

85mm ┊ f/2.8 ┊ 1/125s ┊ ISO 250

曝光时间

在太阳的七色光谱中，红色最先到达地面，其次是橙色，以此类推，最后是紫色，这也是为什么人们在念色彩时总是按"红橙黄绿青蓝紫"顺序的原因了。这种现象也会在摄影中出现，在曝光时间很短时，蓝、紫色调还未来得及感光，或只有极少部分感光，曝光就已经结束，这样拍摄到的画面最终会以红、黄色调为主，照片会有偏暖的效果。

在夜晚拍摄时，自然光线中的红、黄等光谱极少到达地面，只有微弱的蓝、紫等光谱可以照射到地面。此时在白平衡准确的情况下，如果进行长时间曝光，让蓝色等光谱进行感光，拍摄到的画面会整体偏蓝色。这就是曝光时间对画面色彩的影响。

← 夜间拍摄，长时间曝光获得了蓝紫色调的天空，衬托得埃菲尔铁塔格外突出

90mm | f/9 | 10s | ISO 100

← 曝光时间较短，作为画面背景的天空没有细节

27mm | f/5.6 | 1/5s | ISO 100

6.6 掌握光线与色彩的关系

    基调指的是在画面中有一个统一的基本颜色,其他颜色都要在这个范围内进行配置,这种色调称为基本色调,也称主色调。在拍照时,摄影师要做到心中有数,清楚照片出来后整幅画面的色彩方向。

    色彩是用光表现出来的,不同的光影会产生不同的色彩感觉,只有知道了它们的关系并将其加以利用,才能使画面更加完美、夺目。

光影的色彩表现

    风光摄影就是用光影塑造主题,拍摄者常用的手法是利用影调对比或颜色对比来突出主体。在直射光的照射下,被摄体和背景会有很大的明暗差异,再加上物体冷暖色彩的对比,会使主体更为突出,同时还可以增加画面的艺术感染力。

↑ 光线透过树木直射到雪上,积雪在蓝天的映衬下变成蓝色,而石头则被阳光照射成黄色,从而形成了冷暖对比

75mm ┊ f/9 ┊ 1/600s ┊ ISO 100

大雾天的色彩表现

大雾天的色彩饱和度很低，明度很高，很利于拍摄高调的风光。这种高调色彩表现手法经常为摄影师所用，整个画面呈浅灰白色，形成素雅的高调气氛。在取景时，摄影师通常会增加曝光，在正常的曝光基础上增加0.5～1档曝光，以使主体和背景稍微曝光过度，营造出高调的画面效果。

← 此图是高调照片，部分雾气和雪地都是曝光过度的，但这样的曝光却没有降低整幅画面的质感和层次感

22mm ┊ f/6.3 ┊ 1/2500s ┊ ISO 100

清晨下的色彩表现

清晨的阳光给人一种清新的感觉，当它透过大气，使光线变得柔和、温暖时，又给人以一种和谐、安静的心理感受。

← 清晨薄曦中的海面，太阳刚刚升起，整幅画面带给人一种柔和、温暖的感觉

14mm ┊ f/6.3 ┊ 1/30s ┊ ISO 100

夕阳下的色彩表现

在夕阳刚刚落下、尚有余辉照射天空时，透过云层形成的漫反射映红了整个天空，如果再采用逆光拍摄，就可以更强化主体的立体感了。但画面中亮部和暗部的对比不要过强，如果有需要，可以采取中灰渐变镜来获得画面平衡。

→ 此图是在夕阳余晖的渲染下得到的逆光效果，画面色彩绚丽、层次丰富，平静的画面对应着色彩，使整幅画面的颜色统一、和谐，景色更加迷人

35mm ┆ f/8 ┆ 12s ┆ ISO 100

第7章

人像摄影初了解

7.1　设定拍摄主题

一幅画面的拍摄主题既可以简单又能够复杂，简单到只需要一个关键字，也可以复杂到需要设定一个故事情节，围绕着故事的进展进行拍摄，这其中又涉及模特的气质、身高、发型、场地及时间的选择等诸多因素——有时候，这些因素也可能成为拍摄的主题，比如由一个非常有特色的环境来确定整个拍摄主题。

| 35mm ┊ f/8 ┊ 1/250s ┊ ISO 100 | 30mm ┊ f/3.2 ┊ 1/125s ┊ ISO 100 |

↑ 在模特后方打光，使其与背景分离并将其轮廓勾勒得很好

7.2　制订计划

在确定了拍摄主题后，首先要熟悉拍摄环境，有必要去实地看一下，同时还需要制订出一个大致的拍摄计划和线路等。

熟悉环境要做到"知己知彼"。只有事先了解、熟悉了拍摄环境，才可以在拍摄时更灵活地运用现场的道具或者光线等，甚至在灵感产生时，可以具体规划到在某个位置以什么样的光线和模特造型进行拍摄。

另外，外拍时的环境受太阳光的影响和制约很大。在室内进行拍摄时，何时的光线强度满足拍摄需求、太阳光何时能够直接照射进室内等，都是直接影响作品成败的重要因素。

当然，在熟悉拍摄环境的同时，也要注意一些细节，比如附近是否有商店以方便购买饮料、最近的洗手间的位置、适合模特换衣服的地点（洗手间是不错的选择）等，这些细节都是整个拍摄过程能否顺利进行的重要保证。

| 30mm ┊ f/3.2 ┊ 1/100s ┊ ISO 100 | 200mm ┊ f/4 ┊ 1/500s ┊ ISO 100 |

↑ 无论是要表现居家小女人，还是表现夏日美人，都可在拍摄前就设定好主题，然后再选择拍摄场景、服装、道具等

7.3 人像摄影常见主题

人们常说，一幅好的人像摄影作品要简洁、突出主体，并将其视为人像摄影的理论指导与先决条件。但从整个人像摄影的流程上来看，拍摄主题才是最核心的内容，必须在拍摄前确定下来，它直接影响着拍摄环境、道具、模特、衣服搭配、表现手法以及器材的选择等诸多工作。

那么，主题究竟是什么呢？简单来说，主题即指画面要表现的核心思想，通过对某种事物或现象的感悟而产生的想法、观点、情感等，再结合对艺术的理解后进行摄影创作，最终以照片形式把它表现出来。

人像摄影的主题是多种多样的，例如表现精明、干练的"白骨精"主题，表现甜美、可爱的"邻家女孩"主题，表现活力十足的"音乐风暴"主题等，甚至一件性感服饰、大大的毛绒玩具等，都可以成为摄影师表现的主题。

邻家女孩

邻家女孩主题最重要的一点就是要着重突出亲切感，让人感觉友好、自然，甚至可以联想到自己身边的人。

在拍摄时，较适合选择一些日常化的场景，在着装、光线、色彩等方面不必过于考究，而是应该将注意力集中在调动模特的情绪上，让其流露出自然、亲切的表情，增加画面的亲和力与感染力。

↑ 清纯的服装加上模特可爱的表情，给人一种邻家女孩的感觉，使画面充满青春、自然的气息

85mm ┊ f/2.8 ┊ 1/160s ┊ ISO 100

花中精灵

对于女性人像而言，花永远是最能衬托女性柔美、善良、纯洁等气质的元素之一。例如，甜美的女孩徜徉在花海之中，像是花丛中的小精灵，给人灵动、感性的视觉感受。

→ 花衬托人物，同时又不会抢占主体的地位，使模特甜美的气质得到很好的表现

85mm ┊ f/2.2 ┊ 1/800s ┊ ISO 200

居家小资

以居家为主题的摄影中，根据室内装修风格的不同，表现出来的感受也不同，模特在着装、自身气质以及表情、造型等方面，都要与之相匹配。

例如，在欧式风格的室内，就适宜表现其华丽、典雅的感觉；而在比较小资的温馨型室内时，则可以着重突出模特有活力、享受生活等特点。

➡ 极简的室内装修风格，装饰以清新的绿植，再加上一只可爱的宠物狗，瞬间让画面充满了居家小资情调

| 105mm | f/2.8 | 1/40s | ISO 100 |

水边靓影

炎炎夏日，选择拍摄水边的泳装模特绝对是一个不错的题材。拍摄时，除了要注意引导模特情绪，通过水边嬉戏的动作表现出或性感或天真的气质，还需要特别注意以下几项。

要注意避免模特的面部光影被水面的反光干扰，变成"花脸"，因此拍摄时要注意调整机位。

在必要的情况下应使用金色反光板进行补光，以平衡环境光对模特身体，尤其是面部色彩的影响。

摄影师要注意器材安全，尤其是近距离拍摄模特撩起水花时。如果是一对一拍摄，摄影师一定要注意防止脚下踏空跌入水中。

➡ 以游泳池为背景拍摄模特戏水的瞬间，凝固在空中的水花让画面充满动感

| 85mm | f/6.3 | 1/800s | ISO 100 |

性感泳装

　　泳装主题是最能表现女性妖娆、妩媚特质的拍摄题材之一，性感的身材、舒展的造型、柔美的神态，无一不将女性的柔美展现得淋漓尽致。除了在游泳池边、海边等地点外，室内或户外也是拍摄泳装主题的常见地点。

➡ 身着蓝色泳装的模特与游泳池的蓝色调相互呼应，其妩媚的身姿和白皙的皮肤给人一种柔美感

| 85mm | f/2 | 1/400s | ISO 100 |

"白骨精"

　　"白骨精"是职场上白领、业务骨干、行业精英的另一种称谓，而且特指女性，配合环境、场景元素的衬托来表现出一种独立、张扬的特殊气质。在拍摄时，适当应用文件夹、笔、眼镜等道具，可以起到很好的烘托效果。

⬆ 以简单的场景配合白色衬衫、眼镜以及文件夹等元素，很好地衬托出职场女性的独立、自信的气质

| 135mm | f/4 | 1/200s | ISO 100 |

7.4　选择拍摄场景

　　严格来说，拍摄人像摄影是没有固定场景限制的。很多时候，初学者拍不出好的作品就抱怨没有找到好的场景，对场景不够满意。

　　选择场景在人像摄影中占有重要位置，拍摄人像不必去特别漂亮的景点拍摄，朴实的庭院、简单的楼梯、狭长的胡同、幽静的咖啡小店，甚至是草丛、树林都可以进行创作。

　　在欣赏别人的作品时，总是感觉人家的照片背景为何那么漂亮，其实只要你留心观察，细心拍摄，处处都可以成为"上镜"的背景。

　　人像摄影中背景也占有非常重要的位置，通过人物与背景之间的关系，既可以交代人物所处的环境位置，又可以突出主题揭示人物的内心世界。从实际拍摄来看，背景的选择也是多种多样的，既有平面的、纵深的，也有室内的、室外的。

27mm ┊ f/8 ┊ 1/320s ┊ ISO 100

→ 拍摄海边的画面时不必将背景完全虚化，可保留一些轮廓使观者能分辨出拍摄场景，这样会更有地域特点

60mm ┊ f/2.8 ┊ 1/250s ┊ ISO 100

7.5 拍摄人像常用道具

在拍摄前期，如果可以事先确定拍摄主题，并选择适当的道具与人物搭配，不但可以强化主题，突出画面的美感，还可以使道具与人物相互衬托，是人像摄影的常用手法。常用的人像摄影道具主要分为三种：主题性道具、辅助性道具和掩饰性道具。

主题性道具

在选定拍摄主题后，进行人像拍摄创作时，如果拍摄道具与拍摄主题密切相关，甚至它即是拍摄主题，则这种道具即为主题性道具。

常见的主题性道具有两种。一种是具有广告意味的人像创作，在画面中人物是配角，是衬托道具的各种美感和用途的，常用于给厂家的产品做广告。拍摄时，需要以道具为主体，切不可喧宾夺主，影响了道具的主体地位。

另一种主题性道具的应用是借助道具的美感和风格，来创作一组以人物和此道具为风格的人像写真。在这种与道具相结合的拍摄创作中，道具是陪体，起到画龙点睛的作用，用来辅助主体人物，使其表现得更完美。

← 琵琶、扇子的古典气质是根据人物的装扮来选择的，更加增添了画面中的年代感

55mm ┊ f/8 ┊ 1/125s ┊ ISO 200

辅助性道具

　　辅助性道具是指可以烘托画面气氛、营造画面氛围、衬托人物性格的道具。一般来说，辅助性道具在画面中不惹人注意，也不应成为画面的焦点。合理地使用辅助性道具可以恰当地为画面增添美感和气氛。在拍摄时，要充分考虑辅助性道具在画面中的位置，以及与人物之间的呼应关系。

　　辅助性道具可以分为很多种类，生活中到处都可以找到用来做道具的东西，比如帽子、眼镜、丝巾、窗帘等。只要具有善于发现的眼睛和富于创意的思想，敢想、敢做，就可以拍摄出不一样的摄影作品。善于利用身边的物品作为道具，便可以拍摄到意想不到的作品。下面就举例说明辅助性道具的典型范例。

↑ 以口红为漂亮女孩的道具，画面看起来很生活化，很轻松

28mm ┆ f/2.5 ┆ 1/80s ┆ ISO 250

↑ 以可爱的狗狗为道具，清新的画面尽显女孩的柔情与爱心

105mm ┆ f/2.8 ┆ 1/40s ┆ ISO 100

掩饰性道具

掩饰性道具在画面中可以起到遮掩的作用。它既可以遮掩主体人物，也可以遮掩拍摄环境中的某个特定元素，得到戏剧性的效果。

掩饰性道具的应用大多数是为了掩盖画面中某些难以避免的瑕疵，如防止服饰穿帮、遮掩模特皮肤上的胎记或伤痕等。掩饰性道具与拍摄主题没有关系，在拍摄时摄影师要将这种遮掩处理得不留痕迹。在少数情况下，模特使用掩饰性道具并不是为了遮掩缺陷，而是为了表现羞涩、俏皮等特定的情绪，这也是掩饰性道具的常见用法。

↑ 面具遮挡给人以神秘的感觉

200mm ┊ f/2.8 ┊ 1/125s ┊ ISO 10

↑ 利用道具遮挡杂物使得画面简洁又美观

180mm ┊ f/3.2 ┊ 1/500s ┊ ISO 100

↑ 利用树枝构成框架式构图，鲜艳的红花与女孩俏皮的气质很相符

200mm ┊ f/3.2 ┊ 1/1250s ┊ ISO 200

7.6 出发之前检查装备

在开始拍摄的前一天，建议对相关的摄影装备做好充分的准备，并确认无误。

相机设置：按照最常用的拍摄设置和对拍摄环境情况的预估，进行一些基本的设置，比如ISO感光度数值过高、光圈太小等。

存储卡：首先应决定以何种文件格式进行拍摄，大多数码单反相机都能够根据所设置的文件格式和尺寸，预计出存储卡能够保存多少张照片，看看该数量是否能够满足需求。另外，最好能够清空存储卡中的数据，为存储照片提供最大的空间。

电池：在拍摄前，一定要确认一下电量是否足够，此外，也确认一下备用电池的电量，以备不时之需。

外置闪光灯：如果拍摄时要用到外置闪光灯，事先应查看一下闪光灯的电池是否电量充足，最好能够带一份备用电池。另外，用闪光灯拍摄人像，柔光罩是必不可少的。

道具：对于道具的选择，可以综合拍摄主题、模特的气质及着装等多方面因素进行选择，比较常见的如太阳镜、帽子、遮阳伞、玩偶、纱巾、花、书、手机、笔记本电脑、椅子、沙发等。另外，也可以充分利用环境中的一些天然道具，比如石头、树枝、汽车、摩托车、自行车等。恰当地使用这些道具，使之成为构图的一个因素，也可以增加人与物之间的联系，给画面增加故事情节。

↑ 合适的装备在外出拍摄时会很方便

辅助装备：如果需要使用类似于反光板、三脚架等装备，建议将其装在摄影包中，或将其与摄影装备放在一起，免得匆忙离开的时候忘记携带。总之，要充分预估拍摄时可能遇到的情况，避免因准备不足，导致乘兴而去、败兴而归的情况。

7.7　如何与模特交流

与模特交流是一个非常必要的，我们可以从交流拍摄环境、拍摄目的及大致的流程等方面入手，询问一下模特是否有过相关的拍摄经验等，让模特对此次拍摄有一个充分的了解，也能帮助模特放松心情，使模特拍摄时表情和动作会自然很多，从而得到模特最大程度的配合，比如在着装、气质及造型等方面的表现。

在交流的过程中，可以多注意一下模特的形体特征，如果模特有良好的身材和体态，那么拍摄全身的效果会不错；反之，则可以考虑多拍摄半身或面部特写。值得一提的是，每个人都有其最美的角度，作为摄影师，应该敏锐地把握到这一点，尽可能地发现并捕捉最美的角度。

另外，建议适当叮嘱模特多带几套衣服、相关饰品等，尽量不要整套照片下来都是一身衣服，如果模特是长头发，也可以考虑变换几个发型——当然是那种比较简单的，比如披散开、简单束起来的马尾或盘在头顶等，都可以给人耳目一新的感觉。

而作为摄影师，通过一系列的交流，应该对模特的气质有一个大体的了解，比如活泼开朗型的模型，在实际拍摄时，可以安排多做一些动作，甚至安排一些小的场景活动、游戏等，在拍摄时以抓拍、连拍为主，充分彰显人物的特性；如果是文静端庄的模特，则要尽量使其面部表情含蓄微妙，表现出朦胧之美，那么摆姿势时就不要让模特的造型显得太过活泼，人物的姿态造型应该是静态的。

7.8　观察并简化画面的方法

在拍摄人像时，摄影师需要练就"眼观六路"的本领。首先，观察模特的外貌、性格等特征，然后以自己的方式来塑造模特、诠释主题。当然，这是一个需要长期积累的过程，只有不断实践，才能够随心所欲地运用。

另外，在构图过程中，可以运用排除法，先从"要去除"的元素开始观察，常见的要去除的元素有太阳、浮云、异常的影子、行人、头顶的树、建筑等。

在排除了部分要去除的元素之后，就可以根据拍摄意图进行构图了。观察画面的时候，视线应从边缘开始逐步移向中心区域，在此过程中必须确认是否存在以下问题：

1．照片的边缘有无障碍物。需要注意的是，很多中低端数码单反相机的视野率是低于100%的，在拍摄完成的照片中，会出现一些在取景时看不到的影像，因此在拍摄后要注意检查边缘是否有多余的内容。

2．从画面中心到边缘，被摄体是否保持完整的形态。

3．模特的摆姿是否与周围环境协调。

4．模特的表情和神态如何。

上面所说的内容看起来非常复杂，实际上，通过大量的拍摄练习，将它们变成自己的潜意识动作以后，就简单容易得多了。

7.9 拍摄中的气氛把握

在整个拍摄过程中，应该保持一种轻松、自然的拍摄气氛，摄影师尤其不要对模特大呼小叫，或是流露出不满意的表情，因为那样会让模特感到紧张，导致其肢体变得僵硬、不自然，表情也失去自信。

➡ 在拍摄过程中可以与模特进行交流，这样可以活跃拍摄的气氛，拍出来的画面也会更自然

100mm ┊ f/1.8 ┊ 1/500s ┊ ISO 100

7.10 拍摄中的尺度掌控

走光、偷拍这两个词汇，放到任何一个人，尤其是女性身上都是不可忍受的，摄影师在拍摄时要避免这种情况的发生，这是一个摄影师最基本的职业操守，同时也是对模特的尊重。摄影师在检查照片时，应该将走光的照片都删掉，更不能让这样的照片流传到网络上。

如果摄影师和模特不是很亲密的关系，最好不要与模特有肢体接触。在拍摄时，如果需要模特调整，应尽量进行口头指导，或请模特的朋友或女性助理帮忙。这样做不仅可以保护模特，使模特保持轻松、愉快的心情，还可以避免给模特和摄影师造成不必要的麻烦。

另外，穿短裙的模特在变换姿势时，为了让模特能安心摆好动作，摄影师不要把镜头对着模特，以免让模特误会。

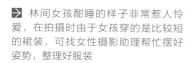
➡ 林间女孩甜睡的样子非常惹人怜爱，在拍摄时由于女孩穿的是比较短的裙装，可找女性摄影助理帮忙摆好姿势，整理好服装

35mm ┊ f/2.8 ┊ 1/200s ┊ ISO 100

第 8 章

摆姿无难事

8.1 坐姿要点

　　拍摄人像除了要看构图、用光、用色，摆姿也很重要，如果一幅作品中模特的表情不自然或者摆姿很生硬，即使是再好的光线和构图，画面也不会有美感可言。

　　有些模特不经常拍照，所以在镜头下难免会显得紧张，四肢也会随之僵硬，拍出来的效果也一定非常不自然。这时候就可以试着从坐姿开始，让模特坐下来，紧张的情绪会有所缓解，拍摄也就会更顺利一些。

坐在椅子前端

　　拍摄坐姿时一定不要把椅子坐满，这样会使模特的腰部不自觉地依靠椅背，拍出来的效果不仅不能突显其线条美，还会使其显得有些驼背，导致整个人看起来慵懒、没精神。所以在拍摄时，要提醒模特坐在椅子前缘，只要稍微坐一点儿，不摔下来即可。

➜ 侧过身体且两脚分开，不仅很好地突显了模特消瘦的身形，也将其长腿表现得很美

| 85mm | f/6.3 | 1/160s | ISO 320 |

上半身前倾

有时，即使坐下来模特也会略显紧张而保持直坐的姿势，导致姿态僵硬、不自然，此时可以尝试让模特前倾或者后仰。

将上半身轻轻往前压，让模特的身体更加舒展开来，这种上半身前倾的好处就在于可以让模特的脸部更靠近镜头，从而可以很好地突出模特姣好的面容和可爱的表情，同时倾斜还能缩短上半身的比例，使下半身显得更修长一些。但需要注意的是，肚子上有赘肉的模特不适合这种方法。

模特上半身微微后仰的方式会给画面带来一种不稳定感，同时也会增添动感，如果再配合上双腿的摆姿，形成斜线构图，可以进一步拉伸模特的体形。两种拍摄摆姿的方法各有千秋，在实际拍摄时都可以尝试一下。

↑ 模特轻轻地靠在梯子上，上身向前倾的样子看起来非常俏皮、可爱

85mm ┊ f/11 ┊ 1/160s ┊ ISO 400

↑ 模特一条腿伸直，一条腿蜷起，在画面中形成对角线的形式，很好地表现了模特修长的身材

24mm ┊ f/7.1 ┊ 1/250s ┊ ISO 100

脚的摆放

　　人像摄影一般以美女为主，而拍摄美女最主要的表现方向也就是女性的女人味和可爱感。

　　在拍摄坐姿人像时，腿部和脚部的摆姿显得尤为重要，建议在拍摄时尽量以内八字为主，这样的摆姿会使模特的小腿肌肉不会被挤压到，从视觉效果上看起来也会显得更加修长、迷人。另外，两脚前后分开会比两脚放在一起显得更加自然，拍摄时模特的脚尖尽量不要翘起来，防止变锄头脚，应该稍稍用力向下压，这样可以使腿部更有延伸感。

　　如果模特习惯跷二郎腿或外翻、盘腿等这些容易使腿部的肉显露的姿势，应及时纠正。当然，一些苗条的模特在摆这样的美姿时，就不会出现腿肉问题，便可以尝试不同的摆姿。

↑ 双腿并拢，双脚朝向一个方向，很好地体现了女孩含羞的样子

200mm | f/4 | 1/100s | ISO 100

↑ 利用双脚一前一后使身体自然转动，更加突显女孩娇俏的特点

24mm | f/11 | 1/250s | ISO 100

35mm ┆ f/5.6 ┆ 1/160s ┆ ISO 200

35mm ┆ f/6.3 ┆ 1/125s ┆ ISO 200

50mm ┆ f/4 ┆ 1/250s ┆ ISO 200

70mm ┆ f/3.2 ┆ 1/800s ┆ ISO 100

50mm ┆ f/2.8 ┆ 1/250s ┆ ISO 160

⬆ 拍摄时可随时改变姿势，并依据环境特色进行拍摄，通过多次尝试得到好看的姿势

8.2　站姿要点

　　一般来说，站姿是非常自然的美姿，这种姿势不受环境、道具的限制，走到哪里都能拍。通常情况下，站姿都是从腰部取景的，从上半身的动作开始，循序渐进地拍摄。

寻找重心

　　人物在站立时，腿部重心点很重要，如果在开始时就放错了，便会导致模特上半身姿势特别别扭。所以，在拍摄时可以针对模特的动作与取景环境对其进行引导，使模特找到合适的重心，例如一条腿弯曲，另一条腿作为支撑点（用力点）。如果模特仍旧进入不了状态，还可以借环境中的景物或道具做支撑，例如倚靠树木或墙壁来帮助模特寻找重心。

➡ 穿着高跟鞋的女孩将身体的重心全部放在前面的脚上

135mm ┆ f/2.5 ┆ 1/100s ┆ ISO 200

收腹、挺胸

　　大多数女性的腹部多少都会有一些赘肉，在拍摄时如果不注意，尤其是在拍摄侧面角度时，腹部的赘肉会影响模特的整体表现。

　　因此，在拍摄时可以引导模特收腹、挺胸，这样不仅可以使模特显瘦，还可以使其更有精神，显得更有自信，优美的线条也会得以体现。

➡ 拍摄泳装美女时，要记得提醒她收腹、挺胸，这样拍出来的画面才会显得身材妙曼

| 200mm ┊ f/2.8 ┊ 1/500s ┊ ISO 100 |

以腰部为轴心

　　拍摄人物正面形象时，模特的姿态往往很单一，画面看起来也会比较死板，不够活泼。

　　在拍摄时可以引导模特侧身或背身站立，再以腰部为轴心微微转动身体，将头部转向镜头，这样不仅可以表现女性优美的曲线，还可以使画面更加生动。

　　如果再进一步加上手部的动作，例如把手叉在腰间或放在头上，这样拍摄出来的人物曲线将会更加突出。

➡ 背对着镜头时，回转身体使女孩的面部朝向镜头，并且肩膀一边高一边低，将女孩羞怯的感觉表现得很好

| 30mm ┊ f/8 ┊ 1/250s ┊ ISO 100 |

手臂摆放

人在紧张时肩膀容易僵硬，两只手也会不自然地紧贴身体，这样会使画面显得十分僵硬死板，影响模特的形体表现。

其实手臂的摆放是没有具体位置的，比如双手抱肩膀、双手叉腰，或者一手叉腰一手摸头等都是可以的，但需要注意的是，模特的肩膀一定要放松，手臂一定要自然。

在实际拍摄时可以时刻提醒模特调整到放松状态，肩膀、手臂自然下垂，两只手与身体保持一定的距离，这样身体的线条会比较自然，看起来也会很舒服。此外，上手臂稍稍离开身体还有一个好处，就是不会把手臂的肉挤出来，使手臂显得更瘦一些。

→ 扭转身体，双手做叉腰的姿势，这个姿势会使模特的胳膊感觉比较舒服，在画面中也可避免呆板

| 35mm ┊ f/7.1 ┊ 1/250s ┊ ISO 100 |

↘ 拍摄一组照片时可以随意安排手的位置，随着手的位置手臂的姿势自然就有了

脚的变化

如果拍摄站姿时一味摆一个姿势，难免会有些乏味，除了改变手臂、头部姿势外，尝试改变脚尖的变化也会收到不错的效果。拍摄时，脚的重心需要放在脚尖，而不是脚后跟，这样人物才可以更有精神，如果再稍稍踮起脚尖就更好了，可以使腿部看起来更漂亮、修长。

倚靠支撑物站立时，可以翘起一只脚，这样看起来会比较活泼。脚往后抬起时，角度大小通常不会太影响效果，但脚往前抬起时，抬起的膝盖一定要打直，否则会因为镜头的透视使之看起来很别扭。

↑ 女孩在回转身体的时候将手中的鲜花甩出去，而脚自己曲起的样子显得很活泼、俏皮

35mm ┊ f/2.8 ┊ 1/500s ┊ ISO 100

↑ 站在钢琴前的女孩优雅地将一只脚微微后移，靠近镜头的肩膀耸起的样子看起来很恬静

35mm ┊ f/8 ┊ 1/250s ┊ ISO 100

↑ T台上的模特每个姿势都很讲究，脚的摆放位置不仅要好看，还要注意保持身体的稳定

跟T台模特学摆姿

　　T台模特的姿势通常是经过长期训练的结果，不仅将服装诠释得很好，也非常美观大方，所以对拍摄摆姿没有经验的人来说，是很好的学习榜样。可根据自己的喜好选择不同的摆姿，比如俏皮的、端庄的、活泼的、优雅的等。

→ 穿着运动装的女孩举手投足间都散发着活泼、可爱的气息

8.3 蹲得漂亮还要防止走光

蹲下时，由于脚部受力，肌肉会挤在一起，显得很粗、有赘肉，因此可以采用膝盖一上一下的形式，这样模特可以根据情况调整受力的腿，比如拍摄左腿时可以让右腿受力，这样左腿的线条就会保持比较好的状态。

另外，通常不建议采用正面角度拍摄蹲姿，这样不仅容易走光，大腿跟小腿的肉还会挤压在一起，影响腿部线条美感。如果一定要拍，则应该让模特用手或道具挡住容易走光的位置。

比较理想的蹲法应该是侧蹲，全侧或斜侧都比较不错，可以引导模特很自然地摆出一高一低有节奏的蹲姿，即使是双腿并排蹲，也不会造成走光。

↑ 拍摄蹲姿时为避免走光除了可以侧对镜头，还可以使双腿高低错开来避免走光

50mm ┆ f/4.5 ┆ 1/250s ┆ ISO 100

8.4 魅惑躺姿

采取躺姿时，动作成功的关键在于是否将腰部曲线展现出来，如果不能表现出曲线，则会使人物看起来僵硬、不自然。要记得腰部要用力往地上压，这样身体的曲线才会表现出来。

躺在地上时，建议翘起或蜷曲小腿，或让两条腿交错成剪刀状。但要注意的是，在取景时要将头部与双脚分开，以免看起来像头上长"脚"的样子。

← 从模特的头部拍摄时，其大大的眼睛望向镜头的样子楚楚动人

200mm ┆ f/4.5 ┆ 1/80s ┆ ISO 200

8.5 手的摆放位置

很多模特在拍照的时候不知道把手放在哪里，尽管我们的双手创造了整个世界，但拍照时经常会觉得怎么放都不自在，其实这是因为没有掌握技巧。学学明星吧，她们的拍照次数和我们吃饭的次数不相上下，学习要找最有经验的人，当然她们就是我们的首选老师！

↑ 手的摆放可根据自己是否舒适来调整，或插口袋或掐腰或交叉都可以

按头

所谓的按头动作，最常见的就是做出一些抚摸、撩起头发等动作，让人能够感受到女人妩媚的一面。

→ 让模特自然地躺在草地上，一只手放在额前，降低机位以平视的角度让模特的眼睛望向前方，在绿草的衬托下，更体现出其自然之感，令观者产生一种怜香惜玉的感觉

50mm | f/2.8 | 1/100s | ISO 400

捂嘴

　　这里所说的捂嘴，当然不是受到惊吓时用力捂住嘴不让自己出声，而是犹如蜻蜓点水一般，让手以优雅、轻柔的造型游离在嘴的附近，营造一种或梦幻、或柔美的不同感觉。

◄ 只截取了模特将手指放进嘴里的部分，这种不见庐山真面目的表现方式很有诱惑力

55mm ┆ f/2.8 ┆ 1/250s ┆ ISO 100

摸臂

　　以不同的手势做摸臂的动作，可以让女孩看起来更加柔弱，充满了让人怜爱的气质，在很多表现忧郁、安静、柔弱主题的照片中经常见到。

200mm ┆ f/2.8 ┆ 1/250s ┆ ISO 100

135mm ┆ f/2 ┆ 1/320s ┆ ISO 100

↑ 摸着自己的手臂拍摄会让模特很有安全感，此时拍摄的画面中可看出模特的表情比较放松

摸腿

　　用手摸腿或者做撩裙子的姿态，可以表现女性的柔美、性感。"腿脚痛"是目前人像摄影的热门动作。其造型分为以下几种类型：大腿"痛"，即将手放在大腿处，模特正面的造型很有视觉冲击力；小腿"痛"，即将手放在小腿处，一般"痛"在中间比较好看；两条腿都"痛"，即两手分别摸两条腿，可以表现模特性感的感觉。

↑ 上身前倾，手臂搭在蜷起的腿部上，模特露出酷酷的表情

200mm ┆ f/5 ┆ 1/125s ┆ ISO 100

↑ 双手搭在膝盖上，身体向前倾也是常有的姿势，这样会给人一种很想与观者交流的感觉

100mm ┆ f/2 ┆ 1/320s ┆ ISO 100

摸腰

　　将手放在腰部的一侧，或两只手放在腰部，扭出胯部，身体向一侧倾斜，感觉像是腰痛的样子，这种姿势可以表现人物的曲线感，突显模特的身材线条。此姿势的要点是：手臂要与身体成一定角度，胯部一定要扭出，使身体呈现曲线线条。

→ 当模特是叉腰的姿势时，一般都会尽显曲线，不论是正面还是侧面表现，身材都会很优美

100mm ┆ f/2 ┆ 1/250s ┆ ISO 100

24mm ┆ f/18 ┆ 1/125s ┆ ISO 100

道具

　　拿一些道具，比如花朵、玩偶等，不但可以缓解紧张情绪，还可以利用道具拓展模特的摆姿。另外，道具的加入还可以丰富画面，为画面增添新的气氛。

← 以书架为背景让可爱的
女孩增添一分淑女气质

| 85mm | f/3.5 | 1/250s | ISO 200 |

数字

　　用手比画成各种数字，然后放在脸部附近，可以做出各种可爱的造型，因此被女孩子们广泛采用。就实际效果来看，也确实有着非凡的作用。

← 在拍摄时可尝试使用手
摆出不同的数字，尽显小女
生的俏皮和可爱

| 200mm | f/2.8 | 1/500s | ISO 100 |

8.6　人物的眼神方向

　　人的感情是丰富的，艺术的创造性也是从生活中提取喜怒哀乐——人物的面部表情传达出来的。如果说面部表情是人物照片的视觉中心，那么眼睛就是中心的中心，尤其是在拍摄半身和特写人像时，眼睛在照片中所起的作用是不言而喻的。眼睛可以准确地传达出人物的憧憬、思念、忧郁、感怀和其他喜怒哀乐之情。

　　当然，最理想的表现人物神态的方式就是抓拍，那样达到的效果最逼真、自然。而在通常情况下，还是要由摄影师去调整被摄对象的心态来达到理想的效果。

直视镜头

　　被摄对象直视相机时，会使欣赏照片的观众觉得自己与被摄对象建立了某种联系与交流，就像人与人之间在交谈时，要直视对方的眼睛一样，给人以真诚、动人的感觉。

看向下方

　　画面中的模特视线略向下看时，会呈现出含蓄、内敛的性格特质，给人一种或沉思、或忧郁、或含羞、或伤感的感觉。诗中"美人卷珠帘，深坐颦蛾眉。但见泪痕湿，不知心恨谁"就很好地描述了当美女向下望去时给人的感受。

　　但值得注意的是，在表现这种眼神时，目光不能呆滞、麻木，否则会给人以疲惫、厌倦的印象。

↑ 直视对方的时候会给人很坦然的感觉

200mm｜f/3.5｜1/500s｜ISO 100

→ 眼睛看向下方时给人一种含羞带怯的娇媚感

200mm｜f/3.5｜1/500s｜ISO 100

向上看

一双炯炯有神的大眼睛向上方望去时，能充分地表现出画面中人物浪漫、天真的气质，给人一种精力充沛、神采奕奕的感觉。此外，还可以给观者留下无限的遐想空间。

但在拍摄时要注意，向上看时要注意眼白不能太多，不然会给人不舒服的感觉。

➡ 望向画面斜上方的女孩，笑嘻嘻的样子看起来神采奕奕

90mm ┊ f/3.5 ┊ 1/200s ┊ ISO 100

看向旁边

当画面中的人物视线方向看向一旁时，可以使人物显得俏皮可爱、温柔感性。甚至有时在特殊的场景里，也表现出人物狂野、外向的性格特质。一些电影海报、广告设计中也经常会采用人物的眼睛看向一侧的方法，使人物更具特点，以吸引观者的注意力，留下深刻印象。

但需要拿捏好眼睛看向旁边时表现的"度"，散乱迷离的视线也可能给观众造成漫不经心的印象，因此合理安排会使眼神的状态恰到好处，在拍摄时可多试拍几次，向左或向右都有可能产生不同的效果。

◀ 手持羽毛扇，望向镜头侧面的女孩给人一种高贵的感觉

190mm ┊ f/4 ┊ 1/400s ┊ ISO 100

闭眼

　　用眼来传情不一定非要睁得大大的，"媚眼随羞合，丹唇逐笑分"更能体现东方女性特有的羞涩和温婉的魅力，可以将欣赏照片的观者带入无限的梦境与遐想中。

　　当然这里所说的闭眼是为了表现某种情绪而故意为之，并不是一味地闭着眼睛，眼睛闭得太紧或闭眼时没有表情，都不会得到预期效果。

→ 用局部光打亮了女孩的面部，她静静地闭眼站着，为画面增添了故事性

70mm ┆ f/3.5 ┆ 1/200s ┆ ISO 800

↓ 夕阳下，草丛里的女孩犹如精灵一般，画面给人一种很唯美的感觉

35mm ┆ f/2.8 ┆ 1/80s ┆ ISO 800

9.1 既快又多是基本原则

对于儿童来说，适合进行拍摄的状态有可能稍纵即逝，摄影师必须提高单位时间内的拍摄效率，才可能从大量照片中选择优秀的照片。

因此，拍摄儿童最重要的原则是拍摄动作快，拍摄数量多，构图变化多样。

200mm｜f/4｜1/500s｜ISO 100

135mm｜f/6.3｜1/640s｜ISO 200

↑ 为了拍好活泼好动的宝宝，除了要设置较高的快门速度将其清晰定格在画面中，还可以通过多拍得到宝宝各种不同的画面

9.2 不同年龄段儿童的拍摄

要想拍好儿童照，首先要对儿童有一定的了解。摄影师需要知道不同年龄段儿童注意力程度和对事物的感兴趣程度，要知道如何调动儿童的情绪。

婴儿阶段（出生至一周岁）

拍摄初生婴儿，最好不要让孩子平躺着进行拍摄，因为这样会出现变形情况。最好是能让孩子倚靠着支撑物，尽量"坐起来"。拍摄时不要使用闪光灯，因为那样会伤害孩子的眼睛。可以选择一些有声响的道具，来吸引孩子的注意力。

→ 这个年龄段的小家伙，只要你用心和他沟通、交流，他就会用最真的表情回报你

50mm｜f/2｜1/800s｜ISO 200

幼儿阶段（1岁～18个月）

　　幼儿阶段的孩子，基本上能站一会儿，他们更喜欢扶着东西走来走去，或者是自己行走。拍摄这个阶段的孩子，可以试着与他做游戏、玩玩具等，调动孩子的兴趣。

➡ 这个阶段的孩子让他爬是不太可能了，他们更喜欢站着，来向家长证明我长大了

50mm｜f/4｜1/250s｜ISO 100

学前阶段（18个月～4岁）

　　学前阶段的孩子已经学会了模仿，他们会发脾气、耍小性，他们希望被大人肯定与表扬。这时候，我们可以利用孩子的模仿行为，引导孩子做出各种拍摄动作。拍摄这个阶段的孩子，要尽量做孩子感兴趣的事，让他觉得有被重视的感觉，能够全身心地投入，最好是能够让孩子忘记相机的存在，这样才能拍到最自然、最天真的照片。

⬅ 小男孩拿着水管玩得不亦乐乎，充分显现出这个年龄段孩子的天性。对于这个年龄段的孩子，在拍摄时要更多地给予表扬

70mm｜f/2.8｜1/1000s｜ISO 320

儿童阶段（4～10岁）

处于这个阶段的孩子，自己已经能够独立模仿大人的言行了。他们会根据要求，主动配合做出不同的动作。这个阶段，女孩子会变得很"臭美"，男孩子却会很淘气。摄影者应该根据每个孩子的性格进行引导，以便拍出孩子最自然、最可爱的瞬间。

↑ 处于这个年龄段的孩子已经算是"大孩子"了，这时候可以用语言引导孩子做一些动作，以完成拍摄

70mm ┊ f/3.5 ┊ 1/160s ┊ ISO 160

9.3　儿童摄影场景拍摄与道具的使用

现在市面上有很多专业的儿童摄影店，店内可以提供背景与服装。所以现在的儿童照除了一些日常的生活照外，还可以去影棚里，通过设置场景、搭配特殊服装等来拍摄艺术照。像现在比较流行的美人鱼、绿野仙踪以及白雪公主等儿童摄影主题，都是很不错的。为了使拍摄效果更好，经常会给宝宝做造型。建议不要给孩子化妆，因为小孩子的娇嫩皮肤经不起化妆品的折腾。其实只要给孩子带个假发，换身造型漂亮的衣服，就可以拍到漂亮的宝宝照片了。至于拍摄时使用的道具，建议要选择合适的，不要什么道具都给孩子，以防孩子的注意力全部集中到玩具上，不配合拍摄。

➡ 儿童摄影的道具以简洁为主，妆面也要以自然为主，可以适当地做发型，尽量不要用化妆品，以免损伤孩子的皮肤

100mm ┊ f/5.6 ┊ 1/160s ┊ ISO 100

9.4 儿童服饰的款式选择与色彩搭配

儿童服饰的色彩应该以鲜艳、明快为主，如红色、黄色和粉色等。但是搭配的颜色种类不宜过多，否则会显得杂乱。另外，在为儿童搭配服装时，要考虑到儿童的体型和肤色。如果孩子肤色较黑，选择明度高、纯度高的色彩，可以使孩子看起来精神；如果孩子肤色较白，色彩的选择范围就会很广，亮色、灰色都可以。

再小一点儿的孩子，还可以选择一些有特点、新奇、吸引人的服装，如西瓜服、草莓服等水果造型的服饰，小青蛙、小鸭子等动物造型服饰，特殊造型的爬服，或者只戴一顶造型可爱的帽子、带一条夸张的领带，甚至光身等，都可以把孩子拍摄得非常可爱。

➡ 在给孩子选择服装时，鲜艳的颜色是首选，而且要根据孩子的肤色来进行选择

| 70mm | f/2.8 | 1/1600s | ISO 800 |

⬆ 在给孩子拍照时，给他搭配一顶造型可爱的帽子，或是穿上有特点的衣服，拍出来的效果也非常可爱

9.5 宝贝摄影技巧

随时变化拍摄视角记录精彩瞬间

拍摄儿童与其他人像摄影略有不同，对成人而言，摄影师站立拍摄是正常的平视角度，而对儿童来说就变成了俯视角度，因此在拍摄时要随时调整拍摄高度以获得理想的拍摄效果。例如，在俯视拍摄儿童时，可适当地将周围环境纳入画面中，以突显儿童的娇小可爱。

↑ 由于孩子都很好动，可将其动作作为一个系列记录下来形成一组画面

25mm | f/10 | 1/160s | ISO 100

天真无邪的表情

无论是欢笑、喜悦、幻想、活跃、好奇、爱慕，还是沮丧、思虑、困倦、顽皮、失望，孩子们的表情都具有非常强的感染力。因此在拍摄时，不妨多捕捉一些有趣的表情，为孩子们留下更多的回忆。

摄影师在拍摄时应该用手按着快门，眼睛全神贯注地观察儿童的表情，一旦儿童表情状态较佳就迅速按下快门，并采用连拍方式提高拍摄的成功率。

↑ 孩子望向镜头开心的笑脸非常有渲染力

45mm | f/5.6 | 1/80s | ISO 400

画面简洁

在摄影构图时，简洁是最基本的要求，能否传达出画面主题的表达意图是一个摄影作品成功与否的先决条件，而简洁的构图则能够有效地突出被摄主体，从而强化主题。在采用简约的方式拍摄人像时，摄影师除了可以利用长焦镜头或者较大光圈来得到景深较小、主体突出的画面效果外，在构图上还可以将干扰画面主体的背景排除在画面之外，以达到突出被摄人物的目的。

◀ 利用小景深突出表现孩子的脸或局部，其娇嫩的样子非常惹人怜爱

50mm ┆ f/1.8 ┆ 1/200s ┆ ISO 100

在为儿童拍照时，由于儿童活泼、好动，他们很少会乖乖地坐在指定的背景前让摄影师拍摄，在这种情况下就要求摄影师在构图前一定要做好预测。在拍摄时应结合运用有效虚化背景的镜头和相机的设置，将烦乱的环境有效弱化，通过简约的构图将被摄儿童在杂乱的环境背景中有效地突显出来。画面中的背景不要太复杂，否则会让背景抢了宝宝的风头。适时地拍摄一些表情丰富的特写或造型夸张的全景，都是不错的构图方法。

↑ 利用黄色的背景布衬托穿着红色瓢虫装的孩子，画面既明快又鲜艳

40mm ┆ f/9 ┆ 1/125s ┆ ISO 400

简单的光线

儿童摄影的用光要简单一些，因为儿童摄影的主要魅力不在于用光，而在于画面的精彩表现，所以尽量选择光亮的环境，以免画面灰暗。在室外拍摄时，尽量使用顺光或者侧光，这样能够很好地表现出宝贝娇嫩的脸蛋和柔嫩的皮肤。

在室内拍摄时，建议使用柔和的散射光或者光线比较弱的侧光，以表现孩子的健康肤色。

➡ 在室外拍摄时，顺光可以把孩子柔嫩的皮肤表现得很好

120mm ┆ f/5.6 ┆ 1/250s ┆ ISO 400

⬆ 在室内拍摄时，营造柔和的散射光可以使孩子的肤色得到很好的表现

35mm ┆ f/11 ┆ 1/250s ┆ ISO 100

饱满的色彩与明快的影调

　　鲜艳饱满的色彩是儿童照片色彩亮丽的重要因素。由于儿童摄影提倡简单、清澈的风格，所以一般在色彩选择上，尽量选择鲜艳的颜色；在影调选择上，一般选择明亮的高调，以突出儿童的生动纯真。由于儿童身材较小，所以背景要尽量简洁，以便于更好地突出儿童的主体地位。

 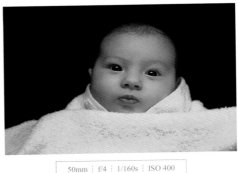

50mm ┊ f/3.2 ┊ 1/100s ┊ ISO 400　　　　50mm ┊ f/4 ┊ 1/160s ┊ ISO 400

↑ 儿童照片的色彩应以饱和为好，色调应以明快色调为主，这样可以很好地表现儿童的特点

抓拍有趣的瞬间

　　儿童是天生的表演者，他们的表情千变万化，只有使用快速抓拍的方式才能记录下他们的喜怒哀乐。除了灿烂的笑容外，还可以拍摄哭泣的、生气的、发呆的、沉默的、搞怪的表情等。他们每一个不寻常的表情都有可能成为妙趣横生的照片。

　　儿童活泼好动，拍摄者应该注意抓拍其有趣、生动的瞬间，为了提高抓拍的成功率，要注意提高快门速度并使用连拍模式。

← 若想拍到自然又有趣的画面，就需要平时多多地观察孩子的行为，画面里孩子顽皮的背影虽然简单，但非常真实、生动，给人留下深刻的印象

50mm ┊ f/3.2 ┊ 1/250s ┊ ISO 200

温馨亲子照

亲子照是儿童摄影中不可缺少的一部分。不仅是因为孩子在父母面前时是最放松的，还因为亲人之间那种温馨的亲情，都是很好的摄影画面。拍摄亲子照时，最大的画面亮点是宝宝的表现，要尽量自然、可爱。

➡ 拍摄亲子照时，最重要的就是温馨的氛围。充满亲情的画面是最美的

| 50mm | f/5 | 1/300s | ISO 200 |

表现孩子纯真的眼神

孩子们的眼神总是很纯真的，在拍摄儿童时应该将其作为重点来进行表现。在拍摄时应注意寻找眼神光，即眼睛上的高光和亮点，具有眼神光的眼睛看上去更有活力。如果光源亮度较高，在合适的角度就能够看到并拍到眼神光；如果光源较弱，可以使用反光板或柔光箱对眼睛进行补光，从而形成明亮的眼神光。

➡ 孩子毫无戒备、纯真的眼神在画面中非常醒目

| 35mm | f/4 | 1/250s | ISO 400 |

表现儿童可爱的身形

拍摄儿童除了要表现其丰富的表情外，其多样的肢体语言也有着很大的可拍性，包括其有意识的指手画脚，也包括其无意识的肢体动作等。

摄影师还可以在儿童睡觉时对其娇小的肢体进行造型，突显其可爱身形的同时，还可以组织出具有小品样式的画面以增强趣味性。

↑ 孩子娇小的肢体、可爱的神情、沉醉的睡态都非常惹人怜爱

表现孩子细腻、白皙的皮肤

拍摄儿童时，除了表现其动作、表情外，还要注意在画面中表现孩子细腻、白皙的皮肤。

相对于其他光线而言，柔和的顺光由于不会产生厚重的阴影，因此更适合表现儿童的皮肤。

在拍摄时，可以在正常的测光数值的基础上，适当增加0.3～1挡的曝光补偿，这样拍摄出的画面显得更亮、更通透，儿童的皮肤也会更加粉嫩、细腻、白皙。

← 适当地增加曝光补偿可使孩子的皮肤看起来更加白皙、细嫩，明亮的画面中，孩子纯真的面容令人顿生怜爱之情

85mm | f/1.8 | 1/250s | ISO 200

第10章

人像摄影大妙招

10.1　4招获得柔美的焦外成像

对人像摄影而言，最常用也最容易拍出漂亮效果的就是对人像以外的画面进行虚化处理，即得到浅景深效果。要得到这种效果，概括来说就是光圈越大，镜头的焦距越长，距离模特的拍摄距离越近，模特与背景之间的距离越远，即可获得更浅的景深，这样背景就可获得更柔美的虚化效果。

方法一：使用大光圈

在其他条件不变的情况下，光圈越大，形成的背景虚化效果就越强烈。

光圈与景深大小对应关系参考				
对焦距离/米	f/1.4	f/2.8	f/5.6	f/11
0.45	0.6	1.2	2.5	5
1	3.2	9.4	13	26
1.5	7.4	14.8	30	61
3	30	60	125	286
5	85	173	379	1226

虽然不同镜头在各光圈下对于景深大小的影响不完全相同，但不会相差太多，因此该表格中的数据可以作为一种拍摄参考来使用。例如在f/1.4、对焦距离为0.45米时，其景深只有0.6厘米。换句话说，当我们对准人物的眼睛对焦时，如果是侧面拍摄，其眉毛和鼻子都已经在被虚化的范围了。

◄ 利用大光圈让背景形成非常柔美的虚化效果，从而使人物主体极为突出

佳能 EF 85mm f/1.8 USM
85mm ┊ f/2.5 ┊ 1/250s ┊ ISO 200

尼康 AF-S 70-200mm f/2.8G VR II ED N
165mm ┊ f/3.5 ┊ 1/200s ┊ ISO 200

方法二：增加模特与背景之间的距离

在其他条件不变的情况下，模特与背景之间的距离也在很大程度上影响着景深的变化。简单来说，离模特越远的背景，就越容易形成浅景深，从而获得更大的虚化效果。

↑ 人物与背景靠得非常近，因此浅景深的虚化效果就很难表现出来了

35mm ┊ f/2.8 ┊ 1/2000s ┊ ISO 100

↑ 人物与背景之间的距离较大，因此在其他条件不变的情况下，能够形成更强烈的虚化效果

35mm ┊ f/2.8 ┊ 1/1600s ┊ ISO 100

方法三：靠近拍摄对象

在其他条件（尤其是焦距与光圈）不变的情况下，距离拍摄对象越近，背景中的虚化效果就会越明显。

→ 靠近模特采用近景拍摄，可以明显看到背景中的虚化效果

60mm ┊ f/4.5 ┊ 1/640s ┊ ISO 160

方法四：使用长焦镜头

当其他条件相同时，焦距越长，则画面的景深越浅，即可以得到更明显的虚化效果。

不同焦距下的景深范围表（f/4.5，对焦距离三米）		
焦　距	景深范围（米）	景深长度（米）
70mm	2.8～3.3	0.5
135mm	2.9～3.1	0.12
200mm	3	0.06

通过表格不难看出，在70mm与200mm下的景深长度相差了 0.44 米，因此就不难理解为什么长焦镜头能够塑造更浅的景深了。

→ 长焦镜头的虚化略显得干涩，但同样能够得到较浅的景深

200mm ⋮ f/4 ⋮ 1/800s ⋮ ISO 200

10.2 5招拍出人像白皙红润的好皮肤

白平衡的设定

　　在户外拍摄时，尤其是阳光充足时，色温约为5200K，使用自动白平衡则容易拍出偏向于暖调的人像。此时可以将相机的白平衡设置为"阳光"，或手动调整色温，使画面呈现偏冷一些的色调，这样容易让人物的皮肤显得更加白皙。

→ 通过手动设置白平衡，将色调改变成为淡淡的蓝紫色，配合手动曝光控制，使进入的光线更多，让画面形成唯美的高调效果，衬托出模特清纯的气质

| 135mm | f/4 | 1/250s | ISO 200 |

→ 左图：使用自动白平衡拍摄的照片，可以看出画面有些偏黄；右图：手工将白平衡修改为4800K后，画面偏向于冷调效果，皮肤显得更加白皙

| 105mm | f/2.8 | 1/125s | ISO 200 |

用后期完善前期：清新甜美的阳光色调

在本例中，主要使用"自然饱和度"和"色相/饱和度"命令，调整照片的色彩，然后利用"渐变填充"与图层混合模式，为照片的顶部添加漂亮的阳光色调。这种技法适合于以绿色或其他较为自然清新的色彩为主的照片。

详细操作步骤请扫描二维码查看。

↑ 原始素材图

→ 处理后的效果图

用后期完善前期：中性灰磨皮法

在本例中，将首先利用填充图层和混合模式，制作一个"观察器"，以用于随时观察需要磨皮的区域；然后利用上述方法，在填充了50%灰色的图层中，涂抹或明或暗的颜色即可。在本例中，为了尽量提高工具效率，还适当加入了高反差保留磨皮法，从而对其中极小的细节进行快速优化处理。

详细操作步骤请扫描二维码查看。

↑ 原始素材图

→ 处理后的效果图

曝光补偿

通过调整曝光补偿数值，可以改变照片的曝光效果，从而使拍摄出来的照片传达出摄影师的表现意图。例如，通过增加曝光补偿，使照片轻微曝光过度以得到柔和的色彩与浅淡的阴影，使照片有轻快、明亮的效果；或者通过减少曝光补偿，使照片变得暗。

在拍摄时，是否能够主动运用曝光补偿技术，是判断一位摄影师是否真正理解摄影的光影奥秘的标准之一。

佳能、尼康相机的曝光补偿范围-5.0～+5.0EV，并以1/3级为单位进行调节。

操作方法 尼康数码单反相机曝光补偿设置

按Ｚ按钮，然后转动主指令拨盘，即可在控制面板上调整曝光补偿数值

操作方法 佳能数码单反相机曝光补偿设置

在 P、Tv、Av 模式下，半按快门查看取景器曝光量指示标尺，然后转动速控转盘◎即可调节曝光补偿值

↑ 增加了 0.7 挡曝光补偿后，可以使人物的皮肤看起来更加白皙

| 70mm ┊ f/2.8 ┊ 1/250s ┊ ISO 100 |

➡ 未增加曝光补偿时的效果

| 70mm ┊ f/2.8 ┊ 1/320s ┊ ISO 200 |

用后期完善前期：用Portraiture插件磨出细致的皮肤纹理

  Portraiture插件提供了多种磨皮预设供用户选择，通常情况下，使用这些预设就可以得到很好的效果。若不满意，还可以在左侧区域设置自定义参数，以进行深度磨皮处理。另外，有些细节是使用该插件无法处理的，此时可以返回至Photoshop中进行相应的调整。

  详细操作步骤请扫描二维码查看。

 处理后的效果图

 原始素材图

上午时间更容易成就好皮肤

  仅从拍出人物白皙、红润皮肤的角度来说，上午7～10点无疑是比较好的选择，因为此时的色调有一些偏冷，从而让皮肤看起来红润一些，而下午的色温则逐渐偏向于暖调。

↑ 在上午拍摄的照片，即使是光线直接照射，但由于光质比较软，因此也不会形成斑块状的曝光过度情况

85mm ┊ f/3.2 ┊ 1/320s ┊ ISO 100

↑ 在下午拍摄时，光线同样比较柔和，但色调偏向于暖色

135mm ┊ f/4 ┊ 1/80s ┊ ISO 100

注意场景反射光对皮肤的影响

除了光源产生的不同颜色外，由光线反射的环境色也可以改变照片的色调，而衣服对模特的皮肤也有很大的衬托作用，因此模特的肤色与周围环境、衣着有很大的关系，通常以蓝色、红色、绿色或黑色来衬托，容易得到比较好的效果。

→ 红色的衣服将人物的皮肤衬托得更加娇艳

120mm ┊ f/4 ┊ 1/100s ┊ ISO 800

↑ 黑色的衣服能够与皮肤形成比较明显的反差，因此更容易突出白皙的皮肤效果。当然，在这幅照片中，周围深色的背景也起到了非常重要的衬托作用

80mm ┊ f/5 ┊ 1/400s ┊ ISO 200 ┊ +0.7EV

↑ 明亮的紫色属于比较娇艳的色彩，可以更好地衬托人物的皮肤

40mm ┊ f/3.2 ┊ 1/200s ┊ ISO 200

选择亮度低一些的场景

在较暗的场景下，一方面是利用对比将人物的皮肤衬托得更加白皙，另外，在曝光时也更容易根据皮肤进行曝光。如果背景过亮，很容易出现皮肤曝光正常、但背景曝光过度的问题。

← 在灰暗的木纹背景下，前景中人物的皮肤会显得更加白净一些

135mm ┊ f/3.2 ┊ 1/2000s ┊ ISO 200

↑ 在绿荫的衬托下，人物的皮肤会更显得白嫩。但要注意的是，如果绿荫的反射光照在模特身上，则可能会使皮肤呈现绿色调

50mm ┊ f/3.2 ┊ 1/320s ┊ ISO 100

10.3 两招解决脸型的缺陷

扭转法

有些模特的相貌条件不够优秀，但这并不能成为拍不出好照片的理由。作为一个摄影师，应该善于找到模特最美的角度去拍摄，最简单的方法莫过于稍侧一下头部。

➡️ 左图：拍摄模特的正脸，让模特很显苍老，画面欠缺美感

50mm ┊ f/3.5 ┊ 1/320s ┊ ISO 200

➡️ 右图：让模特扭转一下头部，换一个3/4侧的角度进行拍摄，塑造了一种忧郁的气质，使画面显得更有意境

70mm ┊ f/2.8 ┊ 1/400s ┊ ISO 200

遮挡法

通过一些特殊的手工或小道具将缺陷部位遮挡起来，也是一种常用的办法。一方面可以扬长避短，另一方面还能够增加模特的造型和场景感。

➡️ 左图：模特的脸部有些偏圆，显得较胖

50mm ┊ f/2.8 ┊ 1/200s ┊ ISO 100

➡️ 右图：让模特头戴丝巾并用手拉着下颌部位的丝巾，这样就使模特的脸部有了一些遮挡，营造出了巴掌小脸的视频效果

50mm ┊ f/2.5 ┊ 1/200s ┊ ISO 100

用后期完善前期：为人物瘦脸

　　由于拍摄角度或模特本身的原因，人物的脸形可能会显得不够美观，此时可以利用Photoshop中的"液化"功能进行方便的修饰和校正处理。

　　本例中的修饰相对较为简单，因此主要是使用"液化"命令中的向前变形工具 ，对以面部为主的轮廓进行修饰即可。

　　详细操作步骤请扫描二维码查看。

➡ 处理后的效果图

⬇ 原始素材图

10.4　4招拍出模特的修长身材

压低视角

　　采用低一些的视角，以仰视的角度进行拍摄，可以起到拉长人物线条的作用。在实际拍摄时，摄影师可以采用蹲姿甚至卧姿进行拍摄，或让模特尽量站在如台阶等高一些的位置上。

➡ 左图：模特站在地面上，虽然已经采用仰视角度，但拉长的效果不太明显

| 26mm | f/2.8 | 1/3200s | ISO 100 |

➡ 右图：让模特站在附近的台阶上，再次以类似的姿势进行拍摄，可使仰视的效果更加强烈，拉长的效果也更加明显

| 24mm | f/8 | 1/320s | ISO 200 |

用广角镜头做强制拉伸

　　使用广角镜头拍摄人像，就是利用其对图像的透视变形处理，使得人物的身体更加修长，但同时也应注意，要将变形控制在一定比例之内，而且拍摄时尽量将人物置于画面的中间位置，以防对肢体尤其是头部造成不和谐的变形效果。

→ 以17mm的广角再配合仰视角度进行拍摄，使人物的身材被拉伸而且变得修长

| 17mm | f/5.6 | 1/800s | ISO 200 |

让模特更加舒展

　　不得不承认，人的身体非常奇妙，当一个人畏缩起来时，总给人矮了半截的感觉，而当打开身体尽情舒展时，马上就会给人完全相反的感觉。因此在拍摄时，要善于利用这一点。当然，也不要将人物的身体生硬地挺起来，给观者刻意的感觉，自然而然才是最好的。

→ 模特自然、放松地舒展开身体，使身体线条更加修长

| 85mm | f/2.8 | 1/2500s | ISO 100 |

脚对拉长身材也很重要

在可能的姿势下，尽量将脚部线条绷起来，即让脚尖朝前，使脚部线条呈流线形，这样对于塑造整体线条更有利。当然，腿部也应适当地向前伸。

最后，如果尝试了各种方法，仍然得不到想要的修长身材，那么建议还是不要继续表现模特的形体美了，可以适当缩小景别，改为以上半身为主进行拍摄。

◀ 对比两幅照片，左图中模特的线条感明显更好

24mm ┆ f/3.2 ┆ 1/80s ┆ ISO 100

用后期完善前期：美腿拉长处理

在拍摄照片时，受拍摄角度、造型或模特本身的原因，使人物的腿显得不够修长，影响照片的美感。本例就来讲解通过 Photoshop 中的合成功能，将腿部自然拉长的的处理方法。

在本例中，主要是将人物腿部区域照片单独截取出来，并进行拉长处理，然后结合磁性套索工具  和图层蒙版等功能，对大腿上变形的手部进行恢复处理，以保证人物正常的肢体比例。

详细操作步骤请扫描二维码查看。

↑ 原始素材图

➜ 处理后的效果图

用后期完善前期：修出诱人S形曲线

在拍摄照片时，往往由于拍摄的角度、服装、造型或模特本身的原因，使照片中人物的身材不够性感，此时可以使用 Photoshop 进行修复校正处理。

详细操作步骤请扫描二维码查看。

➜ 处理后的效果图

↓ 原始素材图

10.5 人像摄影中的前景处理手法

在画面中离镜头最近的景物或处于画面主体前面的景物，均可以称为前景。前景可以帮助主体在画面中形成完整的视觉印象，因为有时候，仅依靠主体很难展现事物的全貌，甚至使观者无法了解摄影意图。

在拍摄人像照片时，适当地以前景作为辅助，不但可以交代环境、说明画面，还可以美化整体效果，使画面内容更丰富，最常见的前景是花丛。

← 在阴天散射光线下，使用大光圈可以获得更高的快门速度，同时还能够使前景和背景得到有效的虚化，从而突出人物主体

100mm ┊ f/3.5 ┊ 1/125s ┊ ISO 100

利用前景交代时间、地点

在拍摄人像时，可以利用一些具有季节性或者地方性特征的花草树木作为前景，来渲染季节气氛和地方色彩，使人物具有浓郁的生活气息。

例如，春天的挑花、迎春花等，既可交代季节，又让画面充满春意；夏天的竹子、秋天的红叶等前景也可对人物的表现形成有力的烘托。

← 遍地红叶的画面非常好看，也很好地表现了秋意正浓的氛围

200mm ┊ f/2.8 ┊ 1/100s ┊ ISO 200

利用前景加强画面的空间感与透视感

在拍摄人像时，可以利用前景成像大、色调深的特点，与远处景物形成体量的大小对比或者色调的深浅对比，强化画面的空间感，这实际上也是透视原理在摄影中的具体应用。而且由透视原理可以推断出，前景与人物在画面中所占的面积比例相差越大，则画面的空间感越强。

→ 利用广角拍摄的画面视野很开阔，前景处的栈桥起到了加深画面空间感的作用

24mm ┊ f/8 ┊ 1/800s ┊ ISO 100

利用前景使观者有现场感

在拍摄人像时，可以选择门、窗、建筑物等具有鲜明特征的景物作为前景，让其在画面中占有较大的面积。利用这些生活中熟悉的物体，无形中就会缩短观者与画面之间的距离，让其产生一种身临其境的亲切感，这对增加画面的艺术感染力是很有帮助的。

→ 当模特身处较杂乱的环境中时，使用大光圈可以将环境虚化，得到简洁的画面效果，也有使人身临其境的现场感

135mm ┊ f/2.8 ┊ 1/160s ┊ ISO 100

10.6 人像摄影中的背景处理手法

　　背景通常指主体后方的景物，可以简单地理解为距离摄影镜头最远的景或物。对于人像摄影而言，背景必须以简洁为原则，以减少对主体的干扰。因此，在实际拍摄时，通常用大光圈虚化背景，使其形成漂亮的虚化效果，从而突出主体人物。

　◤ 由于模特的道具是泡泡，因此选择了暗调的背景衬托，在五彩泡泡的点缀下画面有种浪漫的氛围

135mm ┆ f/2.8 ┆ 1/320s ┆ ISO 100

　　人像摄影作品中背景的重要性丝毫不亚于前景，背景的运用应该与主体人物之间形成相互作用，让整个照片看起来联系紧密，不仅能够辅助说明人物所处的环境，而且为照片增加美感。

　　如果人物处在杂乱的背景中，尤其是在户外拍摄人像时，应该通过一定的构图手法，从背景中找到秩序或韵律，或利用光线掩饰杂乱的背景，从而使背景不至于影响人像的整体表现。

　◤ 通过虚化背景等手法对人物进行渲染，是一幅很浪漫的人物摄影作品

200mm ┆ f/2.8 ┆ 1/100s ┆ ISO 200

10.7　人像摄影中的留白手法

　　画面中的留白通常是指画面中没有具体形象的部分，它在视觉上给观者留下更多的想象空间，可以使画面看上去较舒适、没有压抑感。摄影师可以根据留白控制画面的情绪节奏、疏密等。处理好画面中的留白部分可以给观者一个想象的空间，使画面产生主题上的延伸感。

　　人像摄影是以表现人物为主题的摄影题材，摄影师可以利用留白更好地控制画面的节奏与情绪，烘托意境，给观者留下更大的想象空间，使得观者的视点留在画面之内，而情感却游离于画面之外，使画面体现出独特的意境。

　　拍摄人像时，一般常用的方法是在人物的视线方向留白，这样可以使画面空间得以延伸，增加画面的流通性与宽松感，让观者对人物视线方向的内容产生遐想，不至于让画面产生拥挤、堵塞的感觉。

➔　把蓝天白云作为大面积的留白，不仅起到了美化画面的作用，也容易使观者的视线停留在这对甜蜜的恋人身上

20mm ┆ f/8 ┆ 1/500s ┆ ISO 200

➔　利用留白的形式表现手持荷花的女孩，不仅使画面有种意境美，也将女孩恬静的性格表现得很好

200mm ┆ f/2.8 ┆ 1/100s ┆ ISO100

10.8 阴天环境下的拍摄技巧

阴天环境下的光线比较暗，容易导致人物缺乏立体感。但从另一个角度来说，阴天环境下的光线非常柔和，一些本来会产生强烈反差的景物，此时在色彩和影调方面也会变得丰富起来。

可以将阴天视为阳光下的阴影区域，只不过环境要更暗一些，但配合一些解决措施还是能够拍出好作品的。而且阴天环境下不必担心强烈的阳光会造成曝光过度，也无需使用反光板为模特补光。

恰当构图以回避瑕疵

阴天时的天空通常比较昏暗、平淡，很难拍出层次感，因此在拍摄人像时，应注意尽量避开天空，以免拍出一片灰暗的图像或曝光过度的纯白图像，影响画面的质量。

↑ 拍摄第一张照片时，由于地面与天空的明暗差距有点儿大，因此画面中天空的部分苍白一片；拍摄第二张照片时提高了拍摄角度，避开了天空，得到整体层次细腻的画面

135mm ┊ f/2.5 ┊ 1/400s ┊ ISO 100

巧妙安排模特着装与拍摄场景

阴天时环境比较灰暗,因此最好让模特穿上色彩比较鲜艳的衣服,而且在拍摄时,应选择相对较暗的背景,这样会使模特的皮肤显得更白嫩一些。

↑ 在一片黄花的衬托下,身着红色裙子的女孩显得更加娇俏动人

85mm ┊ f/2.8 ┊ 1/400s ┊ ISO 100

用曝光补偿提高亮度

无论是否打开闪光灯,都可以尝试增加曝光补偿,以增强照片的光照强度,尤其在没把握使用闪光灯进行补光的情况下。曝光补偿可以说是阴天拍摄时的法宝。

→ 由于阴天时的光线较暗,因此在拍摄时增加了曝光补偿,得到的画面中女孩的皮肤看起来很白皙、细腻

85mm ┊ f/2.8 ┊ 1/100s ┊ ISO 100

切忌曝光过度

值得一提的是，如果在拍摄时实在无法把握曝光参数，那么宁可让照片稍微曝光不足，也不要曝光过度。因为在阴天情况下，光线的对比不是很强烈，稍微曝光不足也不会有"死黑"的情况，我们可以通过后期处理进行恢复（会产生噪点）。而如果曝光过度，在层次本来就不是很明显的情况下，可能会产生完全的"死白"，这样的区域在后期处理中也无法恢复。

↑ 在拍摄时，可稍微曝光不足，在后期调整时提亮画面，这样可减少细节损失

75mm ┆ f/2.8 ┆ 1/200s ┆ ISO 125

10.9　日落时拍摄人像的技巧

　　不少摄影爱好者都喜欢在日落时分拍摄人像，但却很少有人拍摄出成功的照片：要么是使用闪光灯把人物拍摄得不错，但夕阳和彩霞却没有得到很好的表现；要么是夕阳、彩霞拍摄得很好，但人像却出现了剪影效果而一片漆黑。那应当如何才能同时把人像和背景都很好地在画面中再现呢？下面介绍一种好办法。

　　在闪光灯关闭的情况下，把镜头对准夕阳旁边的天空测光，然后半按快门锁定曝光，或者打开相机上的曝光锁按钮，之后重新构图并开启闪光灯，此时彻底按下快门进行拍摄。由于是按照日落时天空的亮度曝光的，所以夕阳美景得到了很好的表现，而闪光灯又对人物进行了补光，人像也获得了充足的曝光。

➡ 针对天空进行测光，将前景的情侣处理成剪影效果，在简洁天空的衬托下情侣非常突出

| 135mm ┊ f/6.3 ┊ 1/800s ┊ ISO 100 |

↑ 艳丽的火烧云与女孩桀骜的气质很相符

| 17mm ┊ f/8 ┊ 1/250s ┊ ISO 250 |

↑ 为了使天空与模特都曝光合适，使用了点测光对天空测光，再利用闪光灯对模特进行补光，得到了层次丰富的画面

| 240mm ┊ f/5.6 ┊ 1/250s ┊ ISO 100 |

10.10 夜景人像的拍摄技巧

　　也许不少摄影初学者在提到夜间人像的拍摄时，首先想到的就是使用闪光灯。没错，夜景人像的确是要使用闪光灯，但也不是仅仅使用闪光灯如此简单，要拍好夜景人像还得掌握一定的技巧。

　　拍摄夜景人像最简单的方法是使用数码相机的"夜景人像"模式。在相机的模式转盘上选择该模式后，相机会自动对各项参数进行优化，使之有利于拍摄到更好的夜景人像。当然，这是一种全自动的拍摄模式，我们无法根据自己的表达要求来调整相机的各种参数。

　　使用高级拍摄模式拍摄夜景人像可以由摄影师主动掌握拍摄效果。首先开启闪光灯，选择慢速同步闪光，在此模式下，相机在闪光的同时会设定较慢的快门速度，闪光灯对人物进行补光，而较慢的快门速度使主体人物身后的背景也有很好的表现。不过"慢速同步闪光"模式只支持程序自动模式和光圈优先模式。

由于拍摄夜间人像经常要用较慢的快门速度，所以拍摄前一定要准备好一个三脚架，这样就可以放心地使用较慢的快门，拍摄到清晰的照片了。

←　在拍摄时使用大光圈和较慢的快门速度，使画面的背景得到充分曝光，使得身穿红色上衣的模特能从背景中凸显出来，得到画面整体效果不错的夜景人像照片

70mm	f/2.5	1/15s	ISO 400

←　虽然使用大光圈将背景虚化，可以很好地突出人物主体，但由于人物穿的是黑色服装，很容易融进暗夜里，第二张画面中背景被处理成漆黑一片，毫无美感

10.11　午后强光时也照拍不误

　　午后的阳光非常强烈，如果直接照射在模特身上，很容易形成"死白"。有条件的话可以使用白色反光板，这样可以让光线透过反光板对模特进行一定的补光，避免模特的光照完全被挡住，从而导致看起来太暗，与背景严重不协调。

　　如果选择在树荫中躲避强光进行拍摄，一定要注意不要让透过缝隙的光线照射在模特的皮肤上，最好是让模特完全远离这种光线，否则如果其他位置的皮肤曝光正常，那么光线照射到的地方很容易形成"死白"，或出现难看的光斑。

➡ 右图使用白色反光板进行遮光时的拍摄效果，可以看到模特身上的光线比较正常，对比也不是很强烈

| 105mm ┊ f/5.6 ┊ 1/200s ┊ ISO 100 |

⬆ 在环境优雅的小店，躲避户外强烈的阳光也是一个非常不错的选择

| 85mm ┊ f/2.2 ┊ 1/640s ┊ ISO 100 |

⬆ 让模特远离透过树叶缝隙的光线，再以绿叶做前后景，很容易拍出漂亮的照片

| 70mm ┊ f/2.8 ┊ 1/1000s ┊ ISO 200 |

第11章

拍摄名山大川

11.1 镜头的选择

广角镜头表现大场面风光

广角镜头对空间的表现尤为出色，它既可以将眼前更广阔的场景纳入取景器，又可以使画面远近的透视感更加强烈，从而大大加强画面的视觉冲击力。利用广角镜头的这一优势进行拍摄，在较近距离就可以获得较为宽广的视角，将景象壮美、宽广的气势充分呈现在画面中。

↑ 使用广角镜头拍摄，增强了画面的透视感和视觉冲击力，突显了画面的壮美和宽广气势

18mm ┆ f/16 ┆ 1/80s ┆ ISO 100

中长焦镜头表现远距离风光的局部

中长焦镜头可以把较远处的景物拉到很近，并在画面中以特写形式呈现。在风光摄影中，该类镜头常被用来拍摄远距离景象的局部特写或小景致，例如朝霞、夕阳等。

长焦镜头在手持拍摄时很容易发生抖动，并且由于其焦距长，会使照片景象模糊呈现的概率增大。这时最好使用独脚架或三脚架来辅助拍摄，如果镜头具有光学防抖功能也可以抵消这种影响。

→ 使用长焦镜头拍摄，可以拉近被摄体，很好地展现其细节层次，增加画面美感

240mm ┆ f/7.1 ┆ 1/200s ┆ ISO 500

11.2 拍摄角度的选择

俯拍远取其势

以俯视角度拍摄山川适合表现场景的规模宏大，要获得具有很强透视效果的画面，在拍摄时可以处于山峰的制高点位置，并配以广角俯拍其连绵、蜿蜒之势。同时，摄影师还可以结合横画幅表现山脉，使山脉的延绵在画面中得到最好的表现，使与画框上下边缘线平行的山脉走向，在视觉画面上产生了左右方向上的延伸之感。

◀ 使用俯视角度拍摄，表现了场景的规模宏大，突显了画面的连绵、蜿蜒之势

18mm ┊ f/5 ┊ 1/800s ┊ ISO 100

仰拍近现其质

采用仰视角度结合较近距离的拍摄，适于表现山川的质感及其高耸的形态，通过对山川独特质感的呈现，对造型、色彩较奇特的山川局部特写，以强烈的质感呈现加强画面的视觉冲击力。此外，以仰视角度拍摄使简洁的天空作为背景被纳入画面，增添了画面的对比节奏关系，为纹理丰富而坚硬的山石寻找了一个反衬的背景，不仅可以衬托山石的质感，还加强了整体画面的疏密节奏感。

◀ 以仰视的角度拍摄，以简洁的天空作为背景烘托主体，增添了画面的对比节奏关系

24mm ┊ f/8 ┊ 1/40s ┊ ISO 100

11.3 拍摄光线的选择

侧光表现其立体感

拍摄山景的时候，侧光是使用较多的光位。使用侧光拍摄时，其光照之下的被摄物的明暗反差较大，会出现明显的受光面、背光面及影子，从而使画面获得丰富的影调变化和强烈的质感，同时还会呈现出鲜明的明暗反差，产生较强的空间感和立体感，使山的形体在画面中被大大强化。

↑ 明显的阴影变化使画面获得了丰富的影调变化，鲜明的明暗反差使画面产生了较强的空间感和立体感

88mm ┊ f/5.6 ┊ 1/250s ┊ ISO 100

逆光呈现剪影效果

以逆光拍摄山时，由于光线来自山的背面，所以会形成很强烈的明暗对比，此时若以天空为曝光依据的话，可以将山处理成剪影的形式，注意选择比较有形体特点的山，利用云雾或是以天空的彩霞丰富、美化画面。

→ 逆光情况下拍摄连绵不断的山脉，配合缥缈的雾气与其虚实结合，形成层层叠叠的效果，使画面更具形式美感

200mm ┊ f/4 ┊ 1/1250s ┊ ISO 100

妙用光线获得"金山""银山"效果

拍摄日照金山与日照银山的效果实际上都是拍摄雪山，不同之处在于拍摄的时间段不同。

如果要拍摄日照金山的效果，应该在日出时分进行拍摄。此时，金色的阳光会将雪山顶渲染成金黄色，但由于阳光没有照射到的地方还是很暗，因此如果按相机内置的测光参数进行拍摄，由于画面的阴影部分面积较大，相机会将画面拍得比较亮，造成曝光过度，使山头的金色变淡。要拍出金色的效果，就应该按白加黑减的原理减少曝光量，即向负的方向做0.5～1级曝光补偿。

如果要拍摄日照银山的效果，应该在上午或下午进行拍摄，此时阳光的光线强烈，雪山在阳光的映射下非常耀眼，在画面中呈现银白色的反光。同样，在拍摄时，不能使用相机的自动测光功能，否则拍摄出的雪山将是灰色的。要想还原雪山的银白色，要向正的方向做1～2级曝光补偿量，这样拍出的照片才能还原银色雪山的本色。

↑ 这是一幅局部光照片，被光线照亮的山体呈金色，而未被照射到的山体呈银色，"金山"与"银山"共同出现在画面中，形成强烈的冷暖色调对比

| 120mm | f/14 | 1/125s | ISO 100 |

↑ 仰视拍摄被夕阳染上金色的山体，以蓝天为背景画面更简洁，而三角形构图则使金山看起来更有稳定感

| 200mm | f/13 | 1/320s | ISO 320 |

← 使用广角镜头俯视拍摄连绵的雪山，在强烈的光线照射下，雪山呈现迷人的银色，将其圣洁的感觉表现得很好

| 24mm | f/16 | 1/50s | ISO 100 |

11.4　选用不同的陪体

　　如果云雾笼罩，视线会变得模糊不清，眼前景象的部分细节会被遮挡，使之产生朦胧的不确定感，将其纳入到画面中，会给画面带来一种神秘、飘渺的意境。同时，飘渺清幽的云雾在山川间萦绕，使得被遮挡的山峰更加飘虚，而未被遮挡的部分则越发坚实，加强了画面的虚实对比，拉大了山与山之间的视觉距离，拓宽了画面的视觉深度，而虚实相生的效果更增添了画面的节奏感，使其做陪体更体现出画面整体的飘渺之感。

↑ 云雾笼罩产生了朦胧的不确定感，给画面带来了一种神秘、飘渺的意境

| 80mm | f/5.6 | 1/320s | ISO 100 |

树做陪体体现灵秀

　　选择树木作为陪体拍摄以山川为主体的画面，可以为山川点缀上点点盈动的绿色，使之呈现出带有一定生命感的清幽、灵秀的独特气质。

<- 选择树木作为陪体拍摄，点缀了山川，呈现出山林间的清幽、灵秀

| 18mm | f/4 | 1/30s | ISO 200 |

房舍做陪体体现壮美

　　选择房舍作为陪体拍摄山川，可以增强画面的视觉对比。对比在画面中的运用极为常见，包括视觉上或心理上的差异性元素，利用这种差异性形成对比关系，在使画面更为鲜活的同时，还使丰富而统一的画面呈现出了对比效果。

<- 将山脚下的房屋纳入画面，不仅以其小衬托出山体之高大，为画面注入了灵动的活力，同时丰富了画面

| 18mm | f/4 | 1/400s | ISO 100 |

11.5 常用的构图方法

三角形构图突出稳定

三角形能够给人以向上的突破感和十足的稳定感，将其应用到构图中，会给画面带来稳定、安全、简洁、大气之感，它是拍摄山峰常用的构图手法。结合山体造型结构采用三角形构图拍摄大山，在带给画面十足稳定感之余，还会使观者感受到一种强烈的力度感，在着重表现山体稳定感的同时，更能体现出山体壮美、磅礴的气势。

前景在画面中多作为陪体出现，以帮助画面表达主题、加强画面的气氛、交代主体周围的环境信息、延展画面的可读性，使画面在表现力方面更加饱满、有张力。同一主体在不同前景的衬托下，其意境有着很大的差别。

➜ 采用三角形构图拍摄大山，体现出了山体壮美、磅礴的气势

24mm ┆ f/5.6 ┆ 1/320s ┆ ISO 100

➜ 三角形构图给画面带来了简洁、大气之感，是拍摄山峰常用的构图手法

280mm ┆ f/8 ┆ 1/1000s ┆ ISO 1600

用V形构图强调山谷的险峻

拍摄山谷时不一定选择全景，那样画面虽然很宏伟，但是不能突出山谷险峻的特点。可以只截取山的一部分进行拍摄，使用V形构图，来突出山谷跌宕起伏的特点和险峻的山势。

↑ V形构图使画面富于变化，从而激活了画面，增加了画面张力

35mm ┊ f/8 ┊ 1/160s ┊ ISO 200

用斜线强调山体的上升感

斜线能给人一种动感，将斜线构图运用在拍摄山峦中，则能够通过画面为山峦塑造一种缓慢上升的动势。倾斜的角度越大，山体感觉上升得越急促、陡峭；反之则越舒缓。

用框架强调视觉焦点

框架式构图能够强制观者的视线聚焦于主体。拍摄山体时，如果能够恰当地利用树枝、石洞甚至云雾，使画面具有框式构图的特点，则可让山体成为视觉焦点，并美化画面。

利用前景拍出秀美的山

　　在拍摄各类山川风光时，如果能在画面中安排前景，以其他景物（如动物、树木等）作陪衬，不但可以使画面有立体感和层次感，还能营造出不同的画面气氛，大大增强山川风光作品的表现力。

　　例如，有野生动物的陪衬，山峰会显得更加幽静、安逸，也更具活力，同时还增加了画面的趣味性；如果利用水面或花丛作为前景进行拍摄，则可增加山脉秀美的感觉。

→ 拍摄山体时，将前景的树林一并纳入画面，丰富了画面的环境因素，让其更具层次性，同时也交代了拍摄的季节

35mm ┊ f/8 ┊ 1/160s ┊ ISO 200

→ 利用稻田、花田、村庄作为前景拍摄富士山，既交代了其所处的环境，又为画面增加了美感。同时前景中稻田里的富士山倒影又与其主体形成对称，更增添了画面的看点

18mm ┊ f/29 ┊ 1/320s ┊ ISO 100

第12章

拍摄江河湖海

12.1 构图方式的使用

利用前景丰富水面

借助前景的衬托，例如充分利用礁石、淤泥、水草等元素，可以给画面带来更加新鲜的视觉感受。

➡ 利用礁石作为背景，使水面变得丰富，避免了单一的水元素

32mm ┊ f/9 ┊ 6s ┊ ISO 100

曲线构图表现流动感

曲线构图能给画面带来柔和的感觉，使画面的线条富于变化，引导观者视线随之蜿蜒转移，呈现出舒展的视觉效果。这种构图形式，极适合拍摄蜿蜒流转的河流、溪流。在具体拍摄时，摄影师应该站在较高的位置上，以俯视的角度，并采用长焦镜头，从河流、溪流经过的位置寻找能够形成S形的局部，从而使画面产生流动感和优美的韵律感。

↑ 蜿蜒的水流一直通向画面的另一端，为画面增添动感的同时，也增强了延伸感

26mm ┊ f/16 ┊ 1/250s ┊ ISO 100

斜线构图表现水流动感

在画面中运用斜线可以表现画面的动感，使画面在空间上产生流动感，并将二维画面拉近，使之产生趋于三维的表现。在拍摄水流时，可选择较慢快门速度，以将水流轨迹凝固成线条状在画面中突出呈现，并尝试将水流以斜线形式在画面中呈现，最终制造出富有动感、汹涌的画面效果。

◄ 运用斜线构图，可以增强画面的动感，将水流以斜线形式呈现在画面中

| 200mm | f/18 | 2s | ISO 100 |

垂直构图表现水下冲的气势

垂直构图能使画面中的垂直线表现主体在上下方向产生视觉延伸感，从而加强画面中垂直线条的力度感，带给观者以高大、威严的视觉感受。利用垂直构图拍摄直冲而下的水流，可增加其强有力的向下冲势，从而获得犹如雷霆万钧一般的画面效果。

◄ 垂直构图加强了画面中垂直线条的力度感，带给观者以高大、威严的视觉感受

| 18mm | f/11 | 2s | ISO 200 |

水平构图表现宽阔的气势

　　水平线较易使观者在左右方向上产生视觉延伸感，使视线随之左右移动，增加其自身的视觉张力。同时，水平线也是所有线条中最平静的线条，将其纳入到画面中获得水平构图，不仅可以将被摄对象宽阔的气势呈现出来，还可以给整个画面带来舒展、稳定的视觉感受。

→ 水平构图不仅可以将被摄对象宽阔的气势呈现出来，还可以给观者带来安宁、稳定的感受

20mm | f/14 | 2s | ISO 100

对称构图表现水面的宁静

　　风光摄影中的水景拍摄，将水面倒影和其周围景象一起纳入画面中，以其与水面的交界线作为画面的中轴线进行对称取景，获得宁静感较强的对称式构图，更加突显出水面的宁静之感。

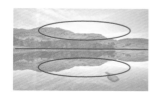

→ 采用对称式构图拍摄，使画面在视觉上达到平衡，小礁石的点缀增加了画面的灵动性，突显了主体的大气、宽广之美

18mm | f/11 | 1/25s | ISO 100

12.2 让瀑布溪流呈现丝绸效果

使用较慢的快门速度拍摄运动中的水流，可以将运动中的水流以丝线的状态呈现出来，这也是拍摄瀑布、溪流等流动水源时较为常见的手法。拍摄的要点是使用低速快门，至于快门速度则需要视拍摄对象而定，通常用1/8～1s的快门速度就能够得到不错的效果。

实际拍摄时，如果环境光线较强，可以采用以下几种方法降低快门速度。

- 使用最小的光圈，但需要允许照片的画面有所损失。
- 使用变焦镜头的长焦端拍摄。很多变焦镜头在长焦端时都能够获得更小的光圈。例如，FE 28-70mm f/3.5～5.6 OSS 镜头在28mm端时，最小光圈仅能达到f/22；而在70mm端时，最小光圈则可以达到f/36，此时可以更进一步地降低快门速度。
- 使用一片或多片中灰镜阻光，以降低快门速度，并尽可能降低ISO感光度数值。

↑ 使用小光圈结合较长的快门时间，很好地表现了水流轻盈、飘逸的动态美，丝滑的效果仿佛美女的秀发般让人过目不忘

23mm ┆ f/22 ┆ 1.6s ┆ ISO 125

用后期完善前期：冰岛瀑布照片的色彩与层次

在本例中，首先是利用 Adobe Camera Raw 中的"基本""HSL/灰度""相机校准"等选项卡中的参数，对照片进行初步的校正处理，然后再在 Photoshop 中，结合多个调整图层，对整体的色彩进行细致的调整，并结合图层蒙版功能，对水面进行分区调整，直至得到满意的效果。

详细操作步骤请扫描二维码查看。

↑ 原始素材图

➜ 处理后的效果图

12.3　瀑布溪流局部小景致

拍摄溪流、瀑布不一定非要使用广角镜头，有时使用中长焦镜头，从溪流、瀑布中找出一些小的景致，也能够拍摄出别有一番风味的作品。特别是当溪流、瀑布的水流较小、体积不够大时，就可以尝试使用中长焦镜头，沿着溪流、瀑布前行，找到某一段较为精彩的画面。

在构图方面应该将重点放在造型或质感较为特殊的石头上，从而使坚硬的石头与柔软的流水形成鲜明对比。如果能够在画面中加入苔藓或落叶，则更能够提升画面的生动感。

➜ 摄影师大胆地将开满花朵的树木置于画面的上半部分，且所占面积较大。虽然如此，水流仍作为主体出现，因其丝滑的水流效果和流动的趋势感，反而更加吸引观者的目光

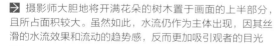

85mm | f/25 | 3s | ISO 100

12.4 运用不同光线拍摄大海

在顺光条件下拍摄大海，能表现出鲜艳的湛蓝色彩，真实还原海面的景象。

逆光时，海面会有反射现象，因此会产生阴影。此时拍摄海面应该注重海面的形状，而不是海面的色彩。

漫射光用来表现气氛，虽然在这种光线条件下拍摄出的海面缺乏动感和光影的变化，但海面却有一种阴沉的感觉。

← 在顺光条件下拍摄大海，真实地展现了海洋的宽广，激起的浪花给画面带来了动感

| 24mm | f/16 | 1/30s | ISO 50 |

← 在逆光时拍摄海面，背光面的阴影和逆光下的轮廓完美地勾勒出海面的千变万化

| 50mm | f/14 | 1/250s | ISO 100 |

← 画面主要以冷色调为主，表现了画面阴沉、神秘的感觉，画面色调的过渡增强了空间感和透视感

| 18mm | f/20 | 2s | ISO 100 |

12.5 用陪体使画面生动

在夕阳的余晖下，阳光洒在水面上，略带暖调的画面呈现一派祥和的气氛，这时拍摄水景最能表现出宁静、祥和的意境。为避免画面单调，可在取景时有意将岸边的树木、花卉、岩石、山峰或一叶小舟，通过前景和背景的搭配丰富画面元素，更好地表现自然、令人神往的画面。

➡ 拍风景的人正在被作为风景拍摄，剪影的处理和为视线留白的构图方法，使画面生动许多

200mm ┆ f/7.1 ┆ 1/125s ┆ ISO 200

12.6 高速快门抓拍海浪拍打岩石的瞬间

要想完美地表现巨浪翻滚拍打着岩石的精彩画面，在拍摄时要注意对快门速度的控制。高速快门能够抓拍到海浪翻滚的精彩瞬间，而适当地降低快门速度进行拍摄，则能够使溅起的浪花形成完美的虚影，画面极富动感。

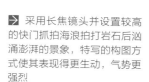
➡ 采用长焦镜头并设置较高的快门抓拍海浪拍打岩石后汹涌澎湃的景象，特写的构图方式使其表现得更生动，气势更强烈

280mm ┆ f/9 ┆ 1/1250s ┆ ISO 100

12.7　利用前景礁石增加纵深感

在单纯地拍摄水面时，由于没有参照物，因此不容易体现水面的空间纵深感。因此在取景时，应该注意在画面的近景处安排水边的礁石，不仅能够避免画面单调，还能够通过近大远小的透视对比效果，表现出水面的开阔感与纵深感。为了获得清晰的近景与远景，应该使用较小的光圈进行拍摄。

◀ 前景礁石的陪衬，增强了
画面的纵深感和空间感

18mm ┆ f/22 ┆ 15s ┆ ISO 100

12.8　塑造柔滑如丝的海面效果

海景也可以使用低速快门表现如丝般的海水效果，只是如果身处海水之中，对于掌握相机的稳定性是一个极大的考验。因此，使用一个较重的三脚架，或在三脚架上加上重物，可以更好地保持相机稳定。

另外，对曝光时间也要掌握好，因为时间过长容易出现画面曝光过度，过短则无丝状效果。

◀ 水面犹如薄纱般柔滑，增
强了画面的视觉冲击力

18mm ┆ f/11 ┆ 8s ┆ ISO 100

第13章

拍摄日月星辰

13.1 拍摄日出日落的测光技巧

以天空亮度为曝光依据

在日出日落时分表现云彩、霞光时，要注意避免强烈的太阳光干扰测光，测光应以天空为主。可以使用镜头的长焦端，以点测光或中央重点测光模式对天空的中等亮度区域测光。只要这部分曝光合适，色彩还原正常，就可以获得理想的画面效果。测光完成后，锁定曝光值重新构图、拍摄。

◀ 针对天空测光，使天空曝光正常，而地面的景物则因曝光不足呈剪影，更加突出表现天空的色彩和太阳的光芒

30mm ┊ f/16 ┊ 1/250s ┊ ISO 200

针对水面亮度进行测光

日出日落时分很适合拍摄波纹，这时可以以水面亮度为准进行测光。由于光线经水面折射后要损失一挡左右的曝光量，因此水面倒影与实景的亮度差异在一挡左右。可以根据试拍效果适当增加曝光补偿，得到理想的曝光效果。

◀ 在逆光下对水面拍摄，并针对水面亮度进行测光，可以得到波光粼粼的水面效果，使照片富有生机

200mm ┊ f/8 ┊ 1/1250s ┊ ISO 200

利用中灰渐变镜平衡画面反差

 由于拍摄日出日落的明暗反差较大，所以很难兼顾地面景物的曝光，针对地面景物测光，天空部分很容易曝光过度。这时利用中灰渐变镜，将深色放在画面的上方，这样可以使天空降低近两挡的曝光量，缩小画面反差。即使按照平均亮度测光，也能够得到曝光准确、层次丰富的画面效果。

➡ 使用渐变镜压暗天空的部分，可看出画面中天空的暗处与水面的亮处都得到了准确的曝光

| 200mm | f/16 | 1/400s | ISO 200 |

13.2　日出日落的拍摄技法

灵活设置白平衡表现不同的日落画面

　　日出日落的时间非常短暂，每分钟的色彩都可能出现很大的变化。比如，日落大致可分为4个过程：太阳变黄；进而变红；消失在水平线上以后，天空由红转紫；再转为深蓝。可以设置白平衡调整画面色彩效果，以得到自己想要的画面效果。

◄ 日落时由于色温较低很容易拍出暖色调的画面，此时再使用阴天白平衡可以使暖色调更暖，画面色彩更浓郁

| 280mm | f/9 | 1/1000s | ISO 100 |

◄ 将白平衡设置为荧光灯模式可得到冷色调的夕阳画面，大面积的冷调天空与暖调的太阳形成了好看的冷暖对比

| 200mm | f/9 | 1/100s | ISO 100 |

利用长焦镜头拍摄大太阳

为营造有感染力的画面，可以加大太阳在画面中所占的比例。利用长焦镜头可以在照片中呈现较大的太阳。通常在标准的35mm幅面的画面上，太阳直径是焦距的1/100。因此，如果用50mm标准镜头，太阳大约为0.5mm；如果使用400mm长焦镜头，太阳的直径就能够达到4mm。

→ 使用长焦镜头拍摄太阳将其放大呈现在画面中，同时，为避免画面单调，将前景处理成深暗剪影状丰富画面的元素，同时水面上长长的倒影也增加了画面的空间感

280mm ｜ f/5.6 ｜ 1/800s ｜ ISO 100

借助天空元素拍摄日出日落

拍摄初升的朝阳时，为了让照片有一种清晨的感觉，在取景时常常考虑更多的天空元素，将天空拍摄广阔一些，烘托出太阳上升的感觉。

↑ 画面中的冷色调到暖色调的过渡烘托了太阳上升的感觉，采用中线构图方法，使画面更宽广、大气

18mm ｜ f/11 ｜ 181s ｜ ISO 100

树枝、人物等景物增添画面变化

　　在海边拍摄日出日落，为了避免画面单调，可以适当加一些景物作为前景来丰富画面，比如岩石、树木等都是不错的前景对象。作为前景的景物在画面中的面积不能太大，否则会影响到画面的表现。

◀ 人物剪影的增添渲染了画面气氛，丰富画面内容，起到了画龙点睛的作用

| 28mm | f/8 | 1/13s | ISO 100 |

光影效果表现日出日落

　　在拍摄日出日落的场景时，由于太阳光芒的照耀，会出现很多的剪影和色彩效果，在取景时，可以通过对这些景物的刻画来突显太阳对周围环境的影响。

◀ 天空呈散射状的云彩，使画面变得绚丽多彩，画面中冷暖色调的对比显得更有一番韵味

| 10mm | f/5.6 | 1/2s | ISO 100 |

海平线表现日出的上升感

拍摄日出的画面时，可以利用海平面来表现太阳的上升感。另外，由于海面上的反射光线与日出相呼应，使画面显得更加深远、广阔。

➡ 上升的太阳在海面上形成了非常有魅力的光影，海面的反射和前景的运用为画面增添了细腻的感觉，天空与太阳的建安搭配，画面给人更深远的感觉

16mm ┊ f/11 ┊ 6s ┊ ISO 100

逆光下的剪影效果

利用日出日落的光线进行逆光拍摄时，剪影是非常常见的一种表现形式。但在拍摄时，主体通常会比较暗，会出现对焦困难的情况。如果使用相机自带的对焦辅助灯仍然不能满足需求，那么可以考虑使用手动方式进行精确对焦。

还有一个方法是，将对焦点设置为单点对焦，然后在拍摄对象与逆光相交的位置进行对焦。但要注意的是，对焦成功后要确认焦点是位于要拍摄的对象上，而不是背景。

如果拍摄结果仍不足以表现剪影效果，可以尝试减少曝光补偿的方式，让画面的曝光更少，从而形成完美的剪影效果。

➡ 简洁的画面和颜色的过渡使画面增添了层次感，人物的点缀给死板的画面增添了活力

300mm ┊ f/6.3 ┊ 1/2000s ┊ ISO 600

用后期完善前期：蓝黄色调的魅力黄昏

　　日出和日落是拍摄风景大片的黄金时段，但受环境和天气的影响，大多数情况下，摄影师只能拍摄到一些司空见惯的色彩，缺少视觉冲击力和新鲜感。本例讲解的方法可以通过简单的调整，自定义调整得到色彩更加丰富的魅力风景大片。

　　在本例中，主要使用"渐变映射"调整图层为照片整体叠加一个新的色彩，并配合混合模式将其与原照片融合在一起，然后使用"曲线"调整图层和图层蒙版功能，分别对照片整体的局部进行适当的曝光调整。

　　详细操作步骤请扫描二维码查看。

↑ 原始素材图

➡ 处理后的效果图

利用小光圈表现太阳的光芒

　　利用星芒镜可很好地表现太阳耀眼的效果，烘托画面的气氛，增加画面的感染力，如果没有星芒镜，还可以缩小光圈进行拍摄，通常需要选择f/16～f/32的小光圈，较小的光圈可以使点光源出现漂亮的星芒效果。光圈越小，星芒效果越明显。如果采用大光圈，灯光会均匀地分散开，无法拍出星芒效果。

⬅ 夕阳西下，天空被太阳的光芒染上了美丽的余晖，使用小光圈获得星芒状的效果

30mm ┊ f/16 ┊ 1/8s ┊ ISO 100

拍摄霞光万丈的美景

日落时，天空中霞光万丈的景象非常美丽，是摄影师常表现的景象。为突出霞光，应尽量选择小光圈，这样可以更好地记录透过云层穿射而出的光线。利用曝光补偿可以提高画面的饱和度，使画面呈现出更加鲜艳的色彩。

➡ 阳光透过云彩形成了霞光万丈的景色，金色的云层有种神奇的魅力

| 96mm | f/20 | 1/100s | ISO 10 |

用后期完善前期：为照片添加霞光效果

在本例中，主要是结合"曲线""色阶""可选颜色"命令调整照片的色调，并结合径向模糊、颜色填充及图层混合模式等功能，制作放射状的光线效果，并改变照片光线的色调。

详细操作步骤请扫描二维码查看。

⬆ 原始素材图

➡ 处理后的效果图

13.3 迷人月色的拍摄技法

长焦镜头决定月亮的大小

通常在拍摄月亮的画面时，由于月亮的距离较远，在画面呈现中所占据的画面比例非常小，通常在标准的35mm幅面的画面上，月亮所占比例更小，因此，摄影师需要使用长焦镜头将月亮在画面中放大，突出主体的同时，增加画面冲击力。同时，摄影师还可将前景也纳入到画面中，丰富画面内容，使画面更加生动、有意境。另外，由于使用长焦镜头或者镜头的长焦段进行拍摄，焦距较长，微微的抖动都会影响画面的清晰度，因此在拍摄时对相机稳定度有着较高要求，摄影师需考虑配合使用三脚架进行拍摄。

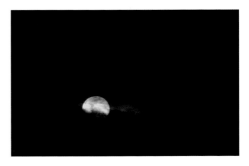

↑ 使用长焦镜头，拉近了月亮距离，树木的陪衬增强画面的视觉冲击力

300mm ┆ f/11 ┆ 1/800s ┆ ISO 640

← 画面明暗对比明显，引导观者的视线，突出主体

200mm ┆ f/11 ┆ 1/125s ┆ ISO 400

拍摄月亮结合二次曝光

若要将月亮和地面景物同时拍在一个画面上，如果两者的亮度相差比较大，同时框取进行长时间曝光，会使月亮在画面上呈现一道光束，对画面造成严重的破坏，因此，一般多采用重复曝光。拍摄时应先将相机固定在三脚架上，先长时间拍月光下的景物，并预留出月亮的位置；第一次曝光后，再利用相机的多重曝光装置，在预留月亮的空间进行第二次曝光；这样就可以得到一张月亮和地面景物亮度相匹配的照片。

➡ 使用二次曝光，就可以拍到很好的月亮照片

| 300mm | f/11 | 1/800s | ISO 640 |

13.4 奇幻的星星轨迹

可以通过长时间曝光来留下星星运动的轨迹。从地球上观察，所有的星星都是围绕着北极星旋转的，所以应把相机对准北极星的方位来拍摄。把相机的快门调至B门，设置30分钟～2小时的长时间曝光，这样就可以使星星的光点变成长长的弧状线条，清晰可见，画面中充满了神秘的气息和浪漫的色彩。

拍摄星轨通常可以用两种方法，第一种方法是通过长时间曝光前期拍摄，即拍摄时用B门进行摄影，拍摄时通常要曝光半小时甚至几个小时；第二种方法是使用延时摄影的手法进行拍摄，拍摄时通过设置定时快门线，使相机在长达几小时的时间内，每隔一秒或几秒拍摄一张照片，完成拍摄后，在Photoshop中利用堆栈技术，将这些照片合成为一张星轨迹照片。

目前第二种方法比较流行，因为使用这种拍摄手法不用担心相机在拍摄过程中断电，即使断电只需要换上新电池继续拍摄即可，对后期合成效果影响不大。另外，由于每张照片的曝光时间短，因此照片的噪点比较少，画质纯净。

1. 前期准备

首先，要有一台单反或微单相机（全画幅相机拥有较好的高感控噪能力，画质会比较好）、一个大光圈的广角、超广角或者鱼眼镜头，还可以是长焦或中焦镜头（拍摄雪山星空特写），快门线、相机电池若干、稳定的三脚架、闪光灯（非必备）、可调光手电筒、御寒防水衣物、高热量食物、手套、帐篷、睡袋、防潮垫，以及良好的身体。

2. 镜头的准备

超广角焦段：以14～24mm和16～35mm这个焦段为代表，这个焦段能最大限度地在单张照片内纳入更多的星空，尤其是夏季银河（蟹状星云带）。14mm的单张竖拍星空，即使在没有非常准确对准北极星的时候，也能拍到同心圆，便于构图。

↑ 表现星轨时，可将地面景物也纳入其中来丰富画面

17mm ┆ f/8 ┆ 2140s ┆ ISO 800

广角焦段：以24～35mm这个焦段为代表，虽然不能像超广角镜头那样纳入那么多的星空，但由于拥有f/1.4大光圈的定焦镜头，加之较小的畸变，这个焦段拍摄的画面很适合做全景拼接。

鱼眼：鱼眼镜头的焦距通常为16mm或更短，视觉接近或等于180°，是一种极端的广角镜头。利用鱼眼镜头可很好地表现出银河的弧度，使得画面充满戏剧性。

3. 拍摄技巧

对焦时，由于星光比较微弱，可能很难对焦，此时建议使用手动对焦的方式，至于能否准确对焦，则需要反复拧动对焦环进行查看和验证了。如果只有细微误差，通过设置较小的光圈并使用广角端进行拍摄，可以在一定程度上避免这个问题。

由于拍摄星轨需要长时间曝光，曝光要从30分钟到2小时不等，因此如果气温较低，相机应该有充足的电量，因为在温度较低的环境下拍摄，相机的电量下降相当快。

长时间曝光时，相机的稳定性是第一位的，因此稳固的三脚架是必备的。拍摄时将光圈设置到f/5.6～f/8，以保证得到较清晰的星光轨迹。为了较自由地控制曝光时间，拍摄时多选用B门进行拍摄，而配合使用带有B门快门释放锁的快门线则让拍摄变得更加轻松且准确。

在构图方面为了避免画面过于单调，可以将地面的景物与星星同时摄入，使作品更加生动、活泼。如果地面的景物没有光照，可以使用闪光灯进行人工补光。

↑ 利用延时摄影进行拍摄，经过后期合成奇幻的星轨，这种拍摄方式得到的画面会比较精细

30mm ┊ f/5.6 ┊ 2453s ┊ ISO 200

用后期完善前期：使用堆栈合成国家大剧院完美星轨

　　要将拍摄的多张照片合成为星轨，使用的技术较为简单，只需要将照片堆栈在一起并设置适当的堆栈模式即可，其重点在于前期拍摄时的构图、相机设置以及拍摄的张数等。当然，除了单纯的星轨合成之外，我们还需要合成后的效果进行一定的处理，如曝光、色彩以及降噪等。

　　详细操作步骤请扫描二维码查看。

↑ 原始素材图

→ 处理后的效果图

第14章

拍摄城市建筑与夜景

14.1　拍摄城市建筑的常用视角

仰视角度让建筑直耸云霄

要想把建筑拍摄得雄伟、高大，最好的方法是使用极低视点仰拍直插入天空的建筑。在仰拍时，镜头的透视变形会使建筑的两边向中心靠拢，把被摄物体收入到整个画幅中，显得格外高大。

→ 采用仰视角度进行拍摄，建筑有一种高耸入云的感觉，显得高大、挺拔

18mm ┆ f/13 ┆ 1/640s ┆ ISO 400

俯视角度鸟瞰建筑整体

要想表现城市的整体建筑结构，可以选择一个至高点来进行俯拍，这样的俯拍角度可以使观者对整个城市一览无余。

→ 采用高机位俯视角度进行拍摄，可以很好地展现城市的全貌

24mm ┆ f/8 ┆ 30s ┆ ISO 800

平视拍摄庄重大方

相机拍摄机位与拍摄者视线在同一水平线上，称为平视。平视角度符合人的正常视觉习惯，所拍摄的画面具有平稳的感觉，可以给观者带来心理上的认同感和亲切感。

← 使用平视角度拍摄的画面具有平稳的感觉，可以给观者带来心理上的认同感和亲切感

24mm ┊ f/11 ┊ 1/250s ┊ ISO 200

14.2   拍摄城市建筑的常用构图方法

框架式构图表现出画中画的感觉

利用框架式构图可以更好地突出画面的重点。在建筑摄影中，这也是经常采用的一种构图形式。例如，中式建筑中的拱门，其造型非常美观，以这些拱门为框进行拍摄，可以得到满意的效果。

← 框架式构图增强了画面的空间感和透视感，是展现美景的常用手段

70mm ┊ f/11 ┊ 1/200s ┊ ISO 200

对称构图表现建筑的平衡庄重

对称是最受大众欢迎的一种形式美准则，在中外的各类建筑中均有涉及。其特点是可以给人以平衡、平稳、唯美的视觉感受，但同时会有些呆板，适合表现较为庄重的建筑物。

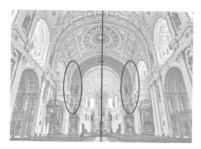

→ 对称式构图使画面平稳，显得灵活、不呆板，给人以庄重的感觉

24mm ┆ f/11 ┆ 1/10s ┆ ISO 100

斜线构图突出建筑的延伸感

通常情况下，在建筑摄影中多采用斜线构图，主要通过倾斜相机的手法将建筑拍摄得向一侧倾斜。其特点是，在视觉上较为特别，而且其长度线条能够得到极大的延伸。

→ 斜线构图的手法避免了画面呆板，其长度线条能够得到极大的延伸

24mm ┆ f/14 ┆ 1/250s ┆ ISO 400

14.3 拍摄城市建筑的技巧

逆光拍摄建筑物的剪影轮廓

许多建筑物的外观造型非常美，对于这样的建筑物在傍晚时分进行拍摄时，如果选择逆光角度拍摄，将获得漂亮的建筑物剪影效果。

■ 在具体拍摄时，只需针对天空中的亮处进行测光，建筑物就会由于曝光不足，呈现出黑色的剪影效果。

■ 如果按此方法得到的是半剪影效果，还可以通过降低曝光补偿使暗处更暗，建筑物的轮廓外形就更明显。

■ 在使用这种技法拍摄建筑物时，建筑物的背景应该尽量保持纯净，最好以天空为背景。

■ 如果以平视的角度拍摄，背景出现杂物，如其他建筑、树枝等，可以考虑采用仰视的角度拍摄。

↑ 傍晚时分，摄影师对准天空的亮处曝光，建筑物的外轮廓被表现得十分清晰

28mm | f/9 | 1/800s | ISO 160

拍出极简风格的几何画面

在拍摄时，建筑物在画面中所展现的元素尽可能少，有时反而会使画面呈现出更加令人印象深刻的视觉效果。尤其是拍摄现代建筑时，可以考虑只拍摄建筑物的局部，利用建筑自身的线条和形状，使画面呈现出强烈的极简风格与几何美感。

需要注意的是，如果画面中只有数量很少的几个元素，在构图方面就需要非常精确。另外，在拍摄时要大胆利用色彩搭配的技巧，增加画面的视觉冲击力。

→ 取景时只截取建筑物的局部，以蓝天为背景，使画面呈现简洁的几何图形美感

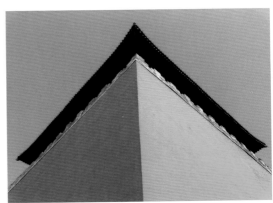

140mm | f/5.6 | 1/800s | ISO 100

高感光度＋高ISO降噪拍摄建筑物的精美内部

　　除了拍摄建筑物的全貌和外部细节之外，有时还应该进入其内部拍摄，如歌剧院等建筑物内部都有许多值得拍摄的壁画或雕塑。

　　由于建筑物的室内光线通常较暗，因此在拍摄时应注意快门速度。如果快门速度低于安全快门，应提高感光度以相应提高快门速度，防止成像模糊。为了避免画面的噪点过大，需要开启"高ISO降噪"功能。

→ 由于室内光线较暗，为了提高快门速度，设置了较高的感光度，并利用"高ISO降噪"功能，得到精美的室内画面

28mm ┊ f/8 ┊ 1/50s ┊ ISO 1000

↑ 由于室内光线较暗，为了提高快门速度设置了较高的感光度，使用了高ISO降噪后得到精细的画面效果

16mm ┊ f/5 ┊ 1/40s ┊ ISO 1250

通过构图使画面具有韵律感

韵律原本是音乐中的词汇，不过在各种成功的艺术作品中，都能够找到韵律的痕迹。韵律的表现形式随着载体形式的变化而变化，均可给人以节奏感、跳跃感与生动感。

建筑物被称为凝固的乐曲，意味着在其结构中本身就隐藏着节奏与韵律，这种韵律可能是由建筑线条形成的，也可能是由建筑物自身的几何结构形成的。

拍摄建筑物时，需要不断调整视角，通过运用建筑物的结构为画面塑造韵律。例如，一排排窗户、一格格玻璃幕墙，都能够在一定的角度下表现出漂亮的韵律感。

← 利用镜头的广角端拍摄隧道，强烈的透视效果使画面看起来很有视觉冲击力，这样的表现手法给人一种全新的视觉美感

24mm ┆ f/5.6 ┆ 1/100s ┆ ISO 500

寻找新鲜的角度表现建筑

在拍摄建筑物时，寻找到一个新鲜的角度非常重要，这需要摄影师有一双善于发现的眼睛和敏锐的观察力。在实际拍摄过程中，要充分发挥想象力自由创新。例如，可以关注建筑物中极为细小的局部，以新颖的表现手法将这些局部表现成为独具风格的画面。

又如，可以利用错视原理，在拍摄材质为玻璃、金属等能够反射影像的建筑时，将拍摄的重点放在反射影像上，以寻找新奇的角度，使反射的影像与建筑物形成新奇的组合。

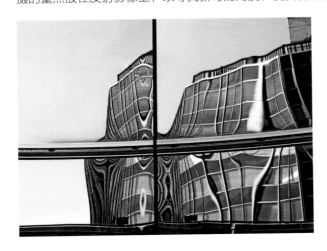

← 以独特的角度来拍摄建筑的反射影像，其弯曲、变形的线条很像一幅抽象画

42mm ┆ f/13 ┆ 1/40s ┆ ISO 100

14.4　城市夜景的拍摄技法

曝光技巧

　　拍摄城市夜景时，由于场景的明暗差异很大，因此为了获得更精确的测光数据，通常选择中央重点测光或点测光模式，然后选择比画面中最亮区域略暗一些的区域进行测光，以保证高光区域能够得到足够的曝光。在必要情况下，应该进行−1～−0.3EV挡曝光补偿，以使拍摄出来的照片能够表现出深沉的夜色。

　　拍摄夜景时，由于曝光时间通常较长，因此一定要使用三脚架，必要的情况下还应该使用快门线或自拍功能，以最大程度上确保画面的清晰度。

➜　为了表现夜间灯光点缀的大桥，使用点测光对其受光部分测光，得到大桥和天空都曝光合适的画面

| 30mm | f/22 | 1s | ISO 100 |

对焦技巧

　　由于夜景中的光线较暗，可能会出现对焦困难的情况，此时可以使用相机的中央对焦点进行对焦，因为通常相机的中央对焦点的对焦功能都是最强的。对焦时应该选择明暗反差较大的景物，如路灯、色彩丰富的广告牌等。

　　也可以切换至手动对焦模式，通过取景器或即时取景来观察是否正确合焦，并进行试拍，然后注意查看是否存在景深不够大或焦点不实的情况，并在后续拍摄过程中有目的地进行调整。

➜　将相机架设在三脚架上，通过手动对焦的方法，使画面的焦点清晰、锐利

| 14mm | f/6.3 | 13s | ISO 160 |

拍出漂亮的蓝调夜景

要拍出蓝调夜景照片，应该在华灯初上时进行拍摄，此时的天空通常呈现为漂亮的蓝紫色。

此外，应该充分考虑空气的清洁度，因为即使是轻度雾霾，也会导致照片的通透度大幅下降。

如果希望增强画面的蓝调效果，可以将白平衡模式设置为白炽灯模式，或者通过手调色温的方式将色温设置为较低的数值。

◄ 趁天色没有全暗时可拍到宝石蓝的夜幕，其纯净的颜色可起到美化画面的作用

20mm ┊ f/20 ┊ 15s ┊ ISO 100

利用水面反射光拍摄夜景

相对于晴天，雨后更适合拍夜景。因为，雨天的夜晚地面的积水会反射出城市的夜景，而且亮处的景物显得更加明亮，暗处的景物显得更加朦胧，拍摄出来的画面也更生动。

除了利用地面的积水，也可以寻找具有大面积水域的地方进行拍摄。水面的倒影与岸上的景物会形成呼应，构成虚实对比，画面显得美轮美奂。

拍摄时，注意使用最低的ISO感光度，尽量延长曝光时间，使画面中的水面平静如镜面，从而更好地表现水面的倒影。

◄ 水面的倒影光带使原本简单的夜景画面瞬间变得丰富多彩，地上的夜景和水中的倒影融为一体，构成一幅真实又梦幻的画面

30mm ┊ f/16 ┊ 25s ┊ ISO 100

用后期完善前期：使水面倒影的大厦构图更完美、均衡

　　要拍摄完美的建筑倒影，除了基本的曝光和色彩方面的要求外，对环境、水面是否纯净、有水波等也有很高的要求。本例就来讲解通过人工合成的方式，合成出一幅构图完美、均衡的建筑倒影效果。

　　在本例中，首先是利用 Adobe Camera Raw 对照片进行 HDR 合成及简单的色彩润饰处理，然后再转至 Photoshop 中，替换新的天空，并进行润饰和倒影处理即可。

　　详细操作步骤请扫描二维码查看。

➡ 处理后的效果图

⬇ 原始素材图

使用小光圈将璀璨灯光拍出星芒

　　使用较小的光圈拍摄夜景，不仅可以增加画面的景深，还能够使画面中的灯光出现漂亮的星芒。使用的光圈越小，星芒越细长、尖锐。

　　灯光产生的星芒条数与镜头的光圈叶片数有关，因此使用不同的镜头拍摄时，有可能出现不同的星芒效果。

　　拍摄时要注意，不可使用过小的光圈。因为当所使用的光圈过小时，会由于光线的衍射效应，导致画面的质量下降。

➡ 以微仰视的角度拍摄的夜间大桥，利用小光圈将其上面的灯光营造出星芒状效果，在蓝调夜幕的衬托下仿佛闪亮的星星

| 18mm | f/22 | 5s | ISO 200 |

拍摄川流不息的汽车形成的光轨

使用慢速快门拍摄车流经过后留下的长长光轨，是绝大多数摄影爱好者喜爱的城市夜景题材。要拍好这一题材，要注意以下拍摄要点。

- 使用三脚架，以确保在曝光时间内，相机处于绝对稳定的状态。
- 选用镜头的广角端或者使用广角镜头，以使视野更开阔。
- 将曝光模式设置为快门优先，通过设置较低的快门速度来获得较长的曝光时间。
- 在能够俯视车流的高点进行拍摄，如高楼的楼顶或立交桥上。
- 汽车行进的道路最好具有一定的弯曲度，从而使车流形成的光线在画面中具有曲线美感。
- 半按快门按钮对拍摄场景车流附近的静止物体进行对焦，确认对焦正确后，可以切换为手动对焦状态。
- 将测光模式设置为矩阵测光模式。

↑ 使用低速快门在高处拍摄的车流，金色的车灯轨迹与宝石蓝的天空形成强烈的色彩对比，构成一幅绚丽夺目的夜景画面

24mm ┊ f/5.6 ┊ 30s ┊ ISO 100

用后期完善前期：闪耀金色光芒的华丽车流

在本例，首先要在Camera Raw中对作为主体的车流照片进行美化处理，以确定车流照片的基调。然后在Photoshop中以图层蒙版功能为主，对各部分要保留的图像进行显示与隐藏的处理，从而初步将各部分合在一起。为了强化近景处的光线，还结合画笔工具☑、"添加杂色"滤镜以及调整图层等功能，对近景添加了具有质感的光线效果。

详细操作步骤请扫描二维码查看。

➡ 处理后的效果图

⬇ 原始素材图

个性的放射变焦效果

使用个性的放射变焦效果进行城市夜景拍摄，可以很好地表现城市的动感。在按下快门期间，让镜头急速变焦，能使画面产生强烈的放射线，从而产生爆炸效果。因此，拍摄时一支变焦镜头是必不可少的，并且变焦的倍率越高，形成的放射效果越强烈。

另外，由于变焦摄影时通常采用一秒甚至更低的快门速度，在拍摄时应使用三脚架来保持相机稳定。在拧动变焦环时，应尽量保持匀速，以使变焦的结果更有韵律。

➡ 使用变焦手法拍摄夜景，可以给人以一种很强烈的视觉冲击力

| 16mm | f/8 | 10s | ISO 800 |

盛开在夜空的烟花

　　每逢节庆之时，燃放焰火、礼花是人们的传统习俗，因为绚丽多彩的礼花能很好地传达人们的喜庆心情。满天烟花将黑暗的天空与大地照亮，场面十分壮观、美丽。

　　漂亮的烟花各有精彩之处，但拍摄技术却大同小异，只要掌握以下讲解的对焦技术、曝光技术、构图技术即可。

　　如果在烟花升起后才开始对焦拍摄，那么待对焦成功后烟花也差不多都谢幕了。因此，如果所拍摄烟花的升起位置差不多的话，应该先以一次礼花作为对焦依据，拍摄成功后，切换至手动对焦方式，从而保证后面每次拍摄都是正确对焦的。如果条件允许的话，也可以对周围被灯光点亮的建筑进行对焦，然后使用手动对焦模式拍摄烟花。

　　在曝光技术方面，要把握两点：一是曝光时间，二是光圈大小。烟花从升空到燃放结束，大概只有五六秒的时间，而最美的阶段则是前面的两三秒，因此，如果只拍摄一朵烟花，可以将快门速度设定在这个范围内。如果距离烟花较远，为了确保画面的景深，应将光圈数值设置为f/5.6～f/10。如果拍摄的是持续燃放的烟花，应适当缩小光圈，以免画面曝光过度。拍摄时所用光圈的数值，要在遵循上述原则的基础上，根据拍摄环境的光线情况反复尝试，切不可生搬硬套。

　　构图时可将地面有灯光的景物、人群也纳入画面中，以美化画面或增强画面气氛。因此，要使用广角镜头进行拍摄，以将烟花和周围景物纳入画面。

↑ 使用B门曝光将多重烟花展现在一个画面之上，尽显节日欢乐的气氛

24mm ┊ f/11 ┊ 8s ┊ ISO 400

朦胧的焦外成像效果

焦点前后的虚化影像通常称为焦外成像，其与柔焦的区别是：柔焦一般指整个画面柔化，没有清晰的影像；而散焦则有清晰的部分，在清晰焦点前后的影像是柔化的。

在拍摄城市夜景时，使用焦外成像的手法，可以拍摄出朦胧的感觉，为城市的夜景添加朦胧感与神秘感。

➡ 使用大光圈拍摄，让灯光虚化成一个个光斑，形成焦外成像的效果

50mm ┆ f/2 ┆ 1/30s ┆ ISO 800

用后期完善前期：模拟失焦拍摄的唯美光斑

在本例中，将以"场景模糊"命令为主，制作唯美的光斑效果。通过调整适当的参数，摄影师可以得到不同大小、密度以及亮度范围的光斑效果。另外，在制作光斑后，画面会显得有些灰暗，此时还要注意调整整体的亮度与对比度。

详细操作步骤请扫描二维码查看。

⬆ 原始素材图

➡ 处理后的效果图

第 15 章

拍摄花卉、树木

15.1　花卉的拍摄技法

尝试所有可能的构图方法

斜线构图法

斜线构图法常用于花卉摄影，要想让画面产生充满活力的动感，使用斜线构图是最有效果的。并且对角线是画面中最长的一条斜线，这样的构图方法可以营造出斜线的动感。同时，斜线将画面分成了两个部分，在一定程度上也营造出了安定感。

紧凑式构图法

在花卉摄影时，经常需要展示花卉的局部或细节，此时可以使用紧凑式构图，即将被摄主体以特写形式进行放大，使其以局部布满画面。紧凑式构图画面具有饱满、紧凑、细腻和丰富等特征。

➡ 斜线构图给人以灵活、不呆板的感觉

| 105mm ┊ f/5.6 ┊ 1/800s ┊ ISO 200 |

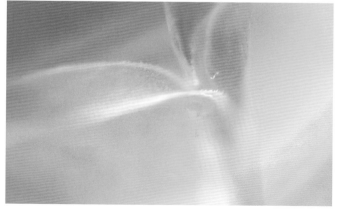

➡ 以花朵的局部作为表现对象，并利用虚化区分整体的层次

| 105mm ┊ f/4 ┊ 1/2000s ┊ ISO 400 |

散点式构图法

大自然中存在各种复杂的重复图形，这些重复图形不仅可以表现出韵律感，还可以让照片产生出优美的统一感，因此利用该构图方法可以使画面更加具有吸引力。

中心构图法

中心构图法即圆形构图法，此构图方法可以给人以一种安定感和集中视觉的强烈印象。在拍摄时，将拍摄对象置于画面的中心位置进行构图，即可得到视觉冲击力很强的照片。

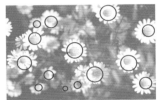

◄ 点状的菊花特别适合散点式构图，纳入画面中的这些分布不均的"点"，在广角的强透视下形成了近大远小、稀疏远密的节奏感

60mm ┆ f/5.6 ┆ 1/1600s ┆ ISO 100

◄ 中心构图将视线集中在画面中间，很好地吸引观者仔细欣赏那些簇拥密集的小花，令人怦然心动

100mm ┆ f/8 ┆ 1/160s ┆ ISO 200

黄金构图法

黄金构图法也就是使画面中主体两侧的长度对比为1:0.618，按照该比例安排的作品更加具有审美价值。在摄影中，把拍摄主体安排在黄金分割点位置，能获得较佳的视觉效果。

在摄影中，由于人们通常不可能精确地去测量1:0.618的比例，所以通常会用"三分法"构图或"九宫格"构图（"井字形"构图）来替代，即把景物主体安排在画面上下、左右三分之一的地方，或者安排在两条水平线和两条垂直线的交点上。

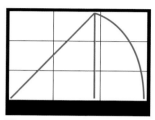

↑ 黄金分割构图

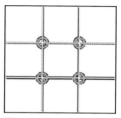

↑ "九宫格"构图

↑ 虚化的背景使画面简洁、色彩艳丽，增加了画面的饱和度

60mm ┊ f/3.2 ┊ 1/400s ┊ ISO 200

不同景深的表现效果

拍摄花卉可以用不同焦段的镜头，而用不同镜头拍摄花卉所产生的不同景深，对于花卉的表现效果完全不同。

广角镜头由于焦距短、景深大，对于不同距离的花卉都能清晰呈现。而使用微距镜头拍摄，其大光圈可以对背景进行虚化，若景深非常浅，能产生非常震撼的视觉效果。所以，拍摄者应根据自己的拍摄意图选择适当焦段的镜头来进行表现。

← 大景深将画面中的所有元素清晰地呈现出来，这在风光摄影中最常用

12mm ┆ f/22 ┆ 1s ┆ ISO 200

↑ 利用浅景深将主体以外的图像虚化，使主体更为突出，并使画面表现出良好的层次感

60mm ┆ f/10 ┆ 1/200s ┆ ISO 200

用对比突出花卉的存在

颜色对比

如前文所述，当照片中出现两种对比色时，人们的视线将更容易被其中颜色面积较小的区域吸引，这就是最常用的"万绿丛中一点红"的构图设计手法。

虚实对比

当画面中同时存在虚、实两种对象时，人们的注意力常常会被具象的实体所吸引。因此，人像照片往往需要虚化背景，以更加突出前景，在拍摄花卉时可以采用相同的手法。

➡ 运用颜色的对比，使紫色与黄色相结合的花朵在画面中醒目、突出

50mm ┊ f/1.8 ┊ 1/400s ┊ ISO 400

➡ 运用镜头景深所产生的虚实对比，有力地突出花卉的存在

50mm ┊ f/2.8 ┊ 1/2000s ┊ ISO 400

明暗对比

明暗对比就是强调主体比周围更明亮。当然，大家也可以按相反的方式进行构图，只是较为少见而已。

← 充分借助暗调的背景和花朵被阳光照射的环境，使整体的明暗对比极为突出，很好地突显了花朵的主体地位

55mm ┆ f/5.6 ┆ 1/400s ┆ ISO 100

用昆虫点缀画面

在拍摄娇艳动人的花朵时，大家会发现花丛中有无数小昆虫，例如蝴蝶、蜜蜂和金龟子等。将这些可爱的小虫子摄入到画面中，不仅不会影响花卉的拍摄效果，反而会让花卉显得更加新鲜动人、富有生气。

← 昆虫的点缀使花卉更加新鲜动人，富有生气

60mm ┆ f/5.6 ┆ 1/500s ┆ ISO 200

为花朵添加娇艳欲滴的水珠

　　清晨的花朵带着晨露，是很多摄影师喜欢拍摄的景物，但其并非一定要起大早才能拍摄得到。可以选择光线条件更适宜拍摄的时间段，通过洒水的方式拍到带有"晨露"的花卉。不过洒水的量一定要适度，否则就会变成雨后残花了。

➜ 花朵在露珠的修饰下更加
美丽、动人

| 190mm | f/16 | 1/60s | ISO 500 |

➜ 局物特写沾有露珠的荷花
花瓣，画面非常有韵味

| 190mm | f/4 | 1/160s | ISO 500 |

15.2 树木的拍摄技法

用垂直构图拍摄树木能体现其生命力

　　树木的种类繁多，不同的种类有不同的风韵。例如北方有些树木是笔直高耸的，所以采用垂直构图最适合。在右图中，高耸笔直的树木在画面中形成了好看的垂直构图，使画面看起来非常简洁、分明。

➤ 采用垂直构图拍摄树木，竖直的线条有向上方透视集中的趋势，突出了树木的生命力

| 90mm | f/16 | 1/60s | ISO 100 |

用剪影构图展现树木外形

　　采用剪影效果拍摄可以淡化被摄主体的细节特征，而强化被摄主体的形状和外轮廓。树木通常有精简的主枝干和繁复的分枝干，摄影师可以借用树木的这一特点，选择一片色彩绚丽的天空作为背景衬托，将前景处的树木作为剪影效果进行处理。在树木枝干密集处会呈现出星罗密布、大小枝干相互穿梭的效果，且枝干有如绘制的精美图案花纹一般，于稀疏处呈现俊朗秀美的外形。

◄ 采用剪影效果拍摄，强化被摄主体的形状和外轮廓，暖色调的渐变色彩使画面更美

| 28mm | f/8 | 1/400s | ISO 100 |

逆光表现透明的树叶

逆光拍摄树叶时，可以得到半透明效果的树叶。拍摄时，应尽量选用大光圈长焦镜头，以压缩景深，同时虚化凌乱的背景，这样可以着重突出画面中的树叶，暗色背景可以制造强烈的明暗反差。必要时，需要为镜头加遮光罩，以免杂光进入镜头影响画面效果。

 在长焦镜头的压缩下，小景深的画面中作为主体的树叶非常突出，画面显得简洁有力，而摄影师选择暗色背景衬托黄色的树叶，更好地突出了树叶的透明质感

180mm ┊ f/5.6 ┊ 1/400s ┊ ISO 200

用后期完善前期：修复曝光严重不足的树叶照片

调整曝光严重不足的照片时，主要可以分为调曝光与调色彩两部分。在调曝光时，主要是对中间调与暗部进行提亮处理，此时应特别注意保留高光区域的细节，另外还要注意避免调整过度，导致照片缺少明暗层次，甚至由于明暗不协调而出现的失真问题。调整得到恰当的曝光后，再对照片的色彩进行美化处理即可。

详细操作步骤请扫描二维码查看。

↑ 原始素材图

 处理后的效果图

穿透林间的四射光芒

当阳光穿透树林时，由于被树叶及树枝遮挡，因此会形成一束束透射林间的光线，这种光线被有的摄友称为"耶稣光"，能够为画面增加一种神圣感。

要拍摄这样的题材，最好选择清晨或黄昏时分，此时太阳斜射入树林中，能够获得最好的画面效果。在实际拍摄时，可以迎向光线用逆光进行拍摄，也可以与光线平行用侧光进行拍摄。

在曝光方面，可以以林间光线的亮度为准拍摄出暗调照片，衬托林间的光线；也可以在此基础上，增加1～2挡曝光补偿，使画面多一些细节。

↑ 逆光拍摄林间光束，并增加一挡曝光补偿，使画面既有光束感，又多了一些细节，画面有显著的明暗对比

| 70mm | f/7.1 | 1/25s | ISO 100 |

用后期完善前期：模拟逼真的丁达尔光效

在茂密的树林中，常常可以看到从枝叶间透过的一道道光柱，类似于这种光线效果，即是丁达尔效应。在实际拍摄时，往往由于环境的影响，无法拍摄出丁达尔光效，或是效果不够明显。本例就来讲解通过后期处理制作逼真丁达尔光效的方法。

详细操作步骤请扫描二维码查看。

→ 处理后的效果图

↓ 原始素材图

选择有表现力的局部

有了大场景的整体描写之后，再加上了一些富于表现力的局部特写，会使树木主题的拍摄更加丰富且具有完整性。

➡ 摄影师针对树木粗糙的枝干进行特写拍摄，丰富的质感很好地描述了古树历经沧桑岁月的主题

80mm ┊ f/16 ┊ 1/100s ┊ ISO 100

拍摄树叶展现季节之美

树叶也是无数摄影爱好者喜爱的拍摄题材之一，无论是金黄还是血红的树叶，总能够在恰当的对比色下展现出异乎寻常的美丽。

如果希望表现漫山红遍、层林尽染的整体气氛，应该用广角镜头进行拍摄；而长焦镜头则适合对树叶进行局部特写表现。

由于拍摄树叶的重点在于表现其颜色，因此拍摄时应该特别注意画面背景色的选择，以最恰当的背景色来对比或衬托树叶。

要拍出漂亮的树叶，最好的季节是夏天或秋天。夏季的树叶茂盛而翠绿，拍摄出来的照片充满生机与活力；如果在秋天拍摄，由于树叶呈大片的金黄色，能够给人一种强烈的丰收喜悦感。

➡ 火红色的红叶是秋天的代表，摄影师以广角镜头仰视拍摄，使大片树叶在画面中展现了出来，非常有视觉冲击力

22mm ┊ f/8 ┊ 1/50s ┊ ISO 400

小景致也值得关注

在选择被摄对象时，摄影师为了呈现出独特的画面，可以在主流视角之外寻找富有创造性的景物，可以将目光转移到独到、精美的小景致之上，其微妙的光线变化、曼妙的影调、精妙的质感细节和精致的造型等，都值得摄影师花费精力去发现。

← 摄影师将微小的蘑菇作为拍摄对象，抓住其精致的造型和散射在其上的曼妙影调，使小小的感动充满整个画面

120mm ┊ f/2.8 ┊ 1/50s ┊ ISO 100

↓ 植物的整个细节都被清晰地表现出来，让观者折服

100mm ┊ f/2.8 ┊ 1/125s ┊ ISO 200

第16章

拍摄自然气象

16.1 冰雪世界

冬天到来，白皑皑的雪花和光秃秃的树木取代了秋天多姿的色彩。冬季白昼很短，往往要到早上7点左右才会出太阳。到了12月末，太阳在下午4点多就落山了。冬天的太阳在冒出地平线后，一直到落下都不会在空中升得很高。因此，冬季的阳光质量总是很好，可以从黎明到黄昏连续不断地进行拍摄。

冬日的清晨是一段奇妙的时光，天空会从柔和的粉色向紫色或蓝色过渡。如果地表有积雪和霜冻，因反射了天空的色彩会呈现出淡蓝色。

增加曝光补偿以获得正常曝光

在拍摄白色冰雪时，由于相机的内测光表是针对18%的中间灰作为标准测光的，在拍摄较亮物体时，较强的反射光会使测光数值降低1～2挡的曝光量，在保证不会过度曝光的同时，可通过适度增加曝光补偿的方法如实地还原白雪的明度。

◤ 这幅是增加曝光拍摄的雪景图片，还原了白雪的正常曝光

| 18mm | f/6.3 | 1/1250s | ISO 200 |

通过恰当的构图获得高调照片效果

　　大雪过后，会给地面上的一切都披上银妆，恰当地运用这一特点，挑选一些简单的事物进行拍摄（即画面充满大面积的白雪，以少量的事物轮廓作为主体），可以得到漂亮的高调照片效果。当然，要注意尽量挑选没有被破坏过的雪景，以免影响画面的美感，同时还要特别注意不要曝光过度。

→ 增加曝光补偿拍摄雪景，少量树木的轮廓，增强了画面的美感

70mm ┊ f/8 ┊ 6s ┊ ISO 100

用逆光表现冰雪的透明感

　　除了铺满雪的地面以外，很多建筑、围栏、树木上也或多或少地挂着一些雪。此时可以利用逆光光线，表现半透明状的雪。在拍摄时，应注意以雪的曝光为准，如果其他元素（如太阳）的曝光过度，则应尽可能地在画面中回避这样的元素。

→ 逆光拍摄冰雪，既突出了其轮廓，也使冰雪的透明细节表现出来，创造出了不同的美

50mm ┊ f/11 ┊ 1/400s ┊ ISO 100

用高色温表现冰雪的冷

在拍摄时，使用白炽灯白平衡，或手动设置较高的色温，可以让画面呈现冷调效果，以突出雪景的冷酷。但要注意，不要为了追求冷的效果而将色温调得过高，通常在7500K左右就已经很高了，否则可能会出现色彩过度饱和的问题，画面的细节损失也会比较严重。

← 采用高色温表现冷调和明暗对比，增强了画面的立体感和空间感

| 18mm | f/3.5 | 1/125s | ISO 200 |

表现冰雪的细节

挂在建筑、围栏、树木等物体上的雪会呈现出非常丰富的形态，此时不妨拿起相机记录下这些细节。

← 凝结在植物上的冰雪，完美地描绘了其轮廓，采用虚实对比手法可以突出主体

| 60mm | f/4.5 | 1/320s | ISO 400 |

让积雪也成为拍摄对象

　　即使非常普通的物体，在覆盖了一层积雪后，也会变得与众不同起来，此时，不妨拿起相机记录下这些景物。当然，在拍摄时，为避免画面单调，被摄对象在色彩或影调上应该更突出一些。

↑ 采用冷、暖色调相结合拍摄雪景，冷色调向暖色调的完美过渡展现了雪景不一样的美

35mm ┊ f/16 ┊ 1.3s ┊ ISO 100

雪地上的杂草成就不一样的画面

　　冬天的枯草在很多地方都有，一场雪过后，很多地面上的杂物都被掩盖了起来，而暗黄色的枯草在白雪上显得更为突出。需要注意的是，由于杂草生长得非常不规律，因此在构图时要多加注意，以避免画面杂乱。

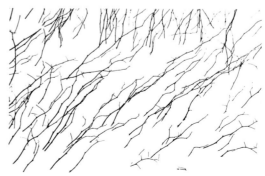

→ 大量不规律的杂草犹如大师笔下的水墨画，使观者产生了共鸣

24mm ┊ f/5.6 ┊ 1/400s ┊ ISO 200

表现雪后树林的如画意境

在雪后的树木上，总会挂着或多或少的积雪，只要树的造型不是太差，拍摄挂着雪的树便可以得到不错的效果。

要注意的是，由于树木中的光线较暗，而且与阳光的对比较强，因此最好回避明显的天空、阳光等位置，以免树木曝光不足，或天空、光线等位置曝光过度。

← 雪后的树林给植物增添了一抹生机

24mm ┊ f/5.6 ┊ 1/80s ┊ ISO 400

↑ 映像与实体相互呼应，展现了冬季的特点

24mm ┊ f/5.6 ┊ 1/125s ┊ ISO 400

16.2　朦胧的雾

雾景也应利用曝光补偿修正曝光

　　雾景不同于一般风光摄影，无论是何种天气状态下的雾气，在画面中都会以高光区域的形态呈现。使用自动测光系统测光并拍摄时，有可能会使画面变得灰暗。因此与雪景的拍摄类似，拍摄雾景需要适当增加一些曝光补偿。

→ 海面上的雾气使天地间的一切景物都陷入其中，所有的景物只能隐隐约约可见，利用虚实的明暗对比增添了画面的神秘，给观者留以遐想空间。拍摄时为避免画面发灰，增加了曝光补偿，得到了明亮的画面效果

| 400mm | f/9 | 1/100s | ISO 100 |

用雾渲染山间的气氛

　　在群山之中总是比较容易看到或浓或淡的雾，让山间笼罩一层神秘、妖娆的气息。在取景时，可以多纳入一些被雾覆盖的区域，或干脆完全以雾作为被摄对象，都可以得到不错的效果。但一定要注意曝光问题，宁可略有曝光不足，也不要曝光过度，否则失去的亮部细节很难恢复回来。

→ 侧逆光拍摄呈剪影状的群山，缭绕在山间的雾气与群山形成了虚实的效果，为画面营造了仙境般的感觉

| 100mm | f/9 | 1/100s | ISO 100 |

用光线强化雾的立体感

在顺光或顶光下，雾气会产生强烈的反射光，容易导致整个画面苍白、色泽较差且没有质感。而借助逆光、侧逆光或前侧光来拍摄，更能表现画面的透视和层次感，画面中光与影的效果能呈现出一种更飘逸的意境。拍摄雾景时应该避免使用闪光灯，以免破坏雾气所营造出来的唯美气氛。

← 侧光下山间腾起的云雾不仅显得更加缥缈，在明暗对比下也显得很有立体感

18mm ┊ f/7.1 ┊ 1/20s ┊ ISO 200

在画面中留出大面积空白使云雾更有意境

留白是拍摄雾景画面的常用构图方式，即通过构图使画面的大部分为云雾或天空，而画面的主体，如树、石、人、建筑、山等，仅在画面中占据相对较小的面积。

构图时注意所选择的画面主体，应该是深色或有其他相对亮丽一点儿色彩的景物，此时雾气中的景物虚实相间，拍摄出来的照片很有水墨画的感觉。

在拍摄黄山云海时，这种拍摄手法基本上可以算是必用技法之一。事实证明，的确有很多摄影师利用这种方法拍摄出漂亮的有水墨画效果的作品。

← 深色的山峰、长城及呈渐变暖色的天空在大面积雾气的衬托下，呈现出犹如水墨画般的唯美意境

52mm ┊ f/16 ┊ 2s ┊ ISO 100

用后期完善前期：林间唯美迷雾水景处理

　　本例在曝光处理方面，主要是以提升画面各部分的对比为主，让其显现出清晰的层次。但要注意，对于雾气较深的地方，可能会产生"死白"的问题，此时应充分利用RAW格式的优势，进行恰当的恢复处理。在色彩处理方面，本例将原本以绿色为主的树木，调整成为以暖色为主的效果，以更好地突出画面的唯美意境。

　　详细操作步骤请扫描二维码查看。

↑ 原始素材图

➡ 处理后的效果图

16.3　千变万化的云朵

　　天空中云彩的变化是最反复无常的，利用云彩作为画面的中心可以延伸画面的空间感，产生宽广、深邃的视觉感受，让观者的视野顺畅，同时其变化多端的色彩也能增添画面的意境。

将云作为画面中心

　　利用天空中的云彩作为画面中心，在风光摄影中是较常用的方法。摄影师可以利用天空中一些具有特殊光效、形状奇异或者色彩丰富的云彩作为画面的中心，以达到有效渲染画面气氛、调动观者情绪的最终目的。

➡ 具有强烈立体感的紫色云彩，在冷调蓝天的衬托下，加上其特殊造型（进行过一定的后期美化处理），形成了极为特殊的视觉效果

18mm ┊ f/5.6 ┊ 1s ┊ ISO 200

运用放射线构图营造动感

放射线构图通常可以归纳为两大类：一是被摄对象的造型即为放射状，此时只要按照正常的曝光方法和恰当的构图将其拍摄下来即可。

↑ 采用放射线构图增加画面的视觉张力，给画面增添了动感

18mm ┊ f/5.6 ┊ 1/180s ┊ ISO 100

二是利用视觉透视借位或利用其自身运动结合慢速快门拍摄得到放射状的画面效果。除此之外，还可以在拍摄时推拉镜头创造出放射状构图样式 。

所形成的放射线条的节奏韵律和放射线条出发点的视点汇聚等，都会给画面带来绝对的影响，既可以增加视觉张力，也给画面增添了动感。

↑ 利用慢速快门将云层拍摄成放射状，使画面看起来很有视觉张力，为画面增色不少

18mm ┊ f/5.6 ┊ 1/180s ┊ ISO 100

拍摄蓝天白云要注重运用偏振镜

拍摄纯净、洁白且又不失层次感的白云时，摄影师可以增加蓝天的饱和度，以此衬托得白云更白。但是拍摄时，应在镜头前加装偏振镜，从而增加蓝天、白云等景物的色彩饱和度，使蓝天更蓝，使云彩变得更立体，同时画面的色彩也会更浓郁一些。

→ 摄影师通过增加蓝天的饱和度，以此为衬托使白云更白；镜头前偏振镜的利用使云彩变得更立体，同时画面的色彩也更浓郁

18mm ┊ f/8 ┊ 1/640s ┊ ISO 100

拍摄乌云要用天边的亮色解除沉闷

在乌云遍布的天气下拍摄，整个被摄景象呈现出较灰暗的低影调视觉效果，此时进行拍摄经常会出现过于沉闷的画面。为了解决这一问题，可以将天边冲破乌云遮掩的亮色纳入镜头，以增加画面的明度对比，在破除沉闷的同时，使其整体在视觉上更具有跳跃感，光影效果更具有奇幻感，从而引起观者的注意。

→ 乌云的遮掩增加了画面的明暗对比，使其整体在视觉上更具有跳跃感，且光影效果更具有奇幻感

18mm ┊ f/11 ┊ 15s ┊ ISO 100

拍摄红霞满天的效果

红霞是伴随日出或日落而形成的一种辉煌壮观的自然景观。不管是朝霞还是晚霞，它们都是由于早或晚的日光色温偏低，从而使天空中不同形状的云朵呈现为橘红色。

◄ 冷暖色调的对比增加了画面空间感和透视感，突出了主体

12mm ┊ f/5.6 ┊ 1/60s ┊ ISO 400

用后期完善前期：壮观的火烧云

红艳似火的火烧云是每个摄影师都渴望拍摄的最美景色之一，但由于时间、环境等多方面的限制，往往很难遇到各方面因素都完美的情况。本例就来讲解一个对严重偏色且曝光不均匀的照片，进行一系列校正处理后，形成壮观火烧云的效果。

在本例中，主要是使用"色阶"命令中的灰色吸管，校正照片的偏色问题，然后再使用"曲线"命令，对不同的通道进行色彩和亮度调整，最后还针对提亮照片后产生的噪点，进行了细致的优化处理。

详细操作步骤请扫描二维码查看。

↑ 原始素材图

➜ 处理后的效果图

16.4 瞬间的闪电

拍摄闪电的基本准备

与其他题材相比，拍摄闪电的危险性更大一些，因此在拍摄过程中，务必做好防护工作。除了基本的防雨措施以保证在下雨时能够第一时间保持好相机、镜头等设备外，还应注意不要站在树下拍摄，也尽可能少使用金属器材。在装备方面，用于稳定相机的三脚架、用于更灵活地拍摄的快门线或遥控器，以及一支广角到中焦的镜头，就已经基本可以满足闪电的拍摄需要了。

➜ 准确地调整好相机设置，可避免闪电出现时错失良机

21mm ┊ f/7.1 ┊ 5s ┊ ISO 100

拍摄闪电的对焦方法

在拍摄闪电时的环境光通常都非常弱，很难实现对焦。此时，如果远处有一些光源，就可以对它们进行对焦。如果没有光源供参考对焦，也可以在闪电出现的瞬间进行对焦，通常这个时间会少于一秒，因此操作时一定要快速、准确。另外，尽可能使用广角镜头+小光圈，也可以让景深变大，在一定程度上避免脱焦的问题。在确认对焦完成后，建议切换至手动对焦方式，以避免拍摄时镜头重新对焦。

➜ 对远处的树木进行对焦，然后通过B门拍摄得到漂亮的闪电效果

180mm ┊ f/6.3 ┊ 12s ┊ ISO 100

拍摄闪电的曝光设置

使用快门优先方式，设置4～10秒的快门速度（确认此时场景中的其他元素不会曝光过度），然后按下快门（为避免可能有的晃动，最好使用快门线或遥控器完成该操作）即可。在这个曝光时间内，出现闪电即可将其记录下来。另外，使用B门模式，还可以手动控制曝光的时间，当出现闪电后，释放快门即可完成曝光。

↑ 恰当的曝光控制将水面景象与天空完美地融合在一起，天空中灰蓝色的云层、紫色的水面及明亮的闪电光条均增添了画面的奇幻色彩

20mm ┊ f/8 ┊ 4s ┊ ISO 800